AF237783

50 TRUCOS MATEMÁTICOS

SORPRENDENTES Y MUY PRÁCTICOS

RESUELVA MENTALMENTE LO IMPOSIBLE EN SEGUNDOS

CREADORA DE PINK PENCIL MATH

TANYA ZAKOWICH

Librero

Título original: *50 Math Tricks*

© 2026 Librero b.v. (edición española)
Hambakenwetering 8B
5231 DC 's-Hertogenbosch
Países Bajos
www.librero.nl

Publicado por primera vez en 2023 por Page Street Publishing Co.
Publicado mediante previo acuerdo con Page Street Publishing Co.

Copyright © 2023 Tanya Zakowich

Cubierta y layout: Molly Kate Young para Page Street Publishing Co.
Illustraciones: Tanya Zakowich

Producción de la edición española:
Traducción: Montserrat Ribas Casellas para Delivering iBooks & Design
Redacción y maquetación: Delivering iBooks & Design, Barcelona

Distribución exclusiva de la edición española:
Librero IBP S. L.
C/ Paseo de los Olmos, n.º 20
Planta 1.ª, oficina 7
28005 Madrid, España
www.librero-ibp.es

Printed in Guangzhou, China GGDP012026
ISBN: 978-94-6499-257-1

Se han realizado todos los esfuerzos posibles para garantizar que la
información recogida en este libro sea correcta. En caso de error u omisión
al consignar los derechos de autor de las imágenes incluidas en la obra,
Librero b.v. pide disculpas y se compromete a enmendar la información
en futuras ediciones del libro.

Para Ming, Paul, Fiona y Amanda:
gracias por vuestro cariño y apoyo.

Contenido

Introducción

Cuando tenía doce años, tuve que repetir un curso de matemáticas.

No conseguía entender los conceptos y el profesor creía que no estaba preparada para pasar al siguiente nivel. ¿Por qué es imposible dividir un número por cero? ¿Por qué el orden de las operaciones debe ser ese? No tenía ni idea y así es como estaban las cosas. Las matemáticas me parecían un montón de reglas y procedimientos arbitrarios, y las interminables clases, las definiciones del libro de texto y las repetitivas hojas de ejercicios no iban conmigo.

Entonces me topé con la pesadilla definitiva del estudiante: tener que repetir un curso entero de matemáticas. Pero resultó que eso fue lo mejor que me podría haber pasado. Con el nuevo profesor llegó una nueva perspectiva sobre los viejos problemas, y me di cuenta de que no existe un única forma perfecta de abordar las matemáticas.

Del mismo modo que el estilo de vestir cambia, también lo hace nuestro enfoque para la resolución de operaciones matemáticas. Algunas personas prefieren descomponer los problemas en pequeños pasos, mientras que otras abordan primero la totalidad o el cálculo aproximado. A algunas personas incluso les gusta trabajar hacia atrás, adivinar y comprobar o hacer dibujos.

Ese año desarrollé un estilo que encajaba conmigo: un enfoque dual. Buscaba dos formas diferentes de resolver el mismo problema; empleaba más tiempo, pero eso me ayudaba a sentirme más creativa y confiada en que iba encaminada hacia la respuesta correcta. Mantuve este estilo a lo largo de mis años de universidad y mi carrera como ingeniera mecánica trabajando para la NASA, Boeing® y Hyperloop One.

Con los años, tras experimentar con diversas técnicas de resolución de problemas, lancé un canal en TikTok, el Pink Pencil Math, para compartir mis sugerencias y trucos favoritos. Ante mi sorpresa, no había sido yo la única en tener esa experiencia con las matemáticas. Millones de personas de todo el mundo consultaban los vídeos para aprender diferentes enfoques y perspectivas que les llevaran a resolver operaciones matemáticas. Lo mejor de todo fue que seguí aprendiendo gracias a todos los comentarios y mensajes de mis compañeros espectadores.

En este libro, le acompañaré a lo largo de cincuenta de mis trucos matemáticos mentales favoritos. Pero no nos detendremos allí. También profundizaremos en los propios trucos, descubriendo el «por qué» de cada uno de ellos y explorando su aplicación a la vida cotidiana. Olvídese de lo que sabía sobre matemáticas: no es un rígido conjunto de reglas, sino un juego dinámico y creativo que se puede enfocar desde todo tipo de ángulos. Así que encuentre una silla cómoda, prepárese su bebida favorita y ¡deje salir a su matemático interior!

Tanya Zakowich

¿Qué es un truco matemático?

Este no es un libro de matemáticas corriente.

Sus páginas contienen un conocimiento que solo algunos conocen.

Piense en cada problema matemático que se cruce en su vida como un enigma, que empieza con una pregunta y acaba en una respuesta; el camino que decida seguir para llegar al final depende de usted. Por supuesto, habrá aprendido formas concretas de resolver problemas concretos, pero ¿quién le dice que no existen otras maneras? Podría haber numerosos caminos para resolver una operación matemática, algunos largos, otros cortos y otros tan breves que parece que esté haciendo magia.

Resolver problemas matemáticos

Lo que pensamos que es

Pregunta

Respuesta

Lo que es en realidad

Pregunta

Respuesta

Este libro trata sobre cómo encontrar las formas más rápidas e innovadoras de resolver problemas matemáticos. ¡Hará que su mente se extienda como una goma elástica hasta ser capaz de resolver mentalmente las operaciones más complejas! A otros les parecerá un truco, pero lo que usted hará será simplemente descomponer los números de una forma que no se suele entender.

5 X 18

Observe esta multiplicación de **5 x 18**. ¿Es capaz de hacerlo mentalmente? Una cosa que yo hago cada vez que multiplico dos números es visualizar los dígitos en dos lados de un rectángulo. Al multiplicar los números, obtiene el «área» del rectángulo, que es también la solución al problema original de la multiplicación. Si alguna vez se ha sentido sobrepasado ante un problema matemático, pruebe a visualizar la forma en que los números se relacionan entre sí. ¡Llegará lejos!

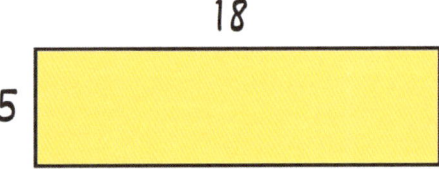

¿Cómo le fue al multiplicar **5 x 18** mentalmente? Hay seis formas posibles de resolverlo. ¿Utilizó alguna de estas o hizo algo totalmente diferente?

$$(5 \times 10) + (5 \times 8)$$
$$= 50 + 40$$
$$= 90$$

$$(2 \times 18) + (2 \times 18) + (1 \times 18)$$
$$36 + 36 + 18$$
$$90$$

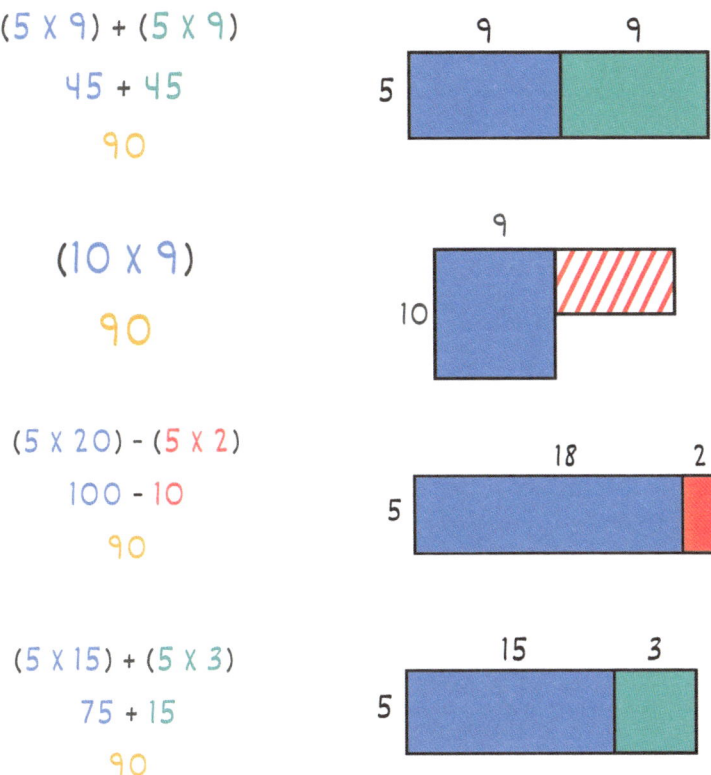

$(5 \times 9) + (5 \times 9)$

$45 + 45$

90

(10×9)

90

$(5 \times 20) - (5 \times 2)$

$100 - 10$

90

$(5 \times 15) + (5 \times 3)$

$75 + 15$

90

Es mucho más fácil calcular **5 x 18** mentalmente si descompone los números, ¿no? El verdadero reto es descubrir la mejor forma para usted, la que le conduzca a ese momento de «¡Ajá!». Pero no se preocupe, este libro le ayudará a ejercitar su creatividad y a que todo le resulte más fácil. ¿Listo para otro ejemplo? Veamos si es capaz de descubrir por qué funciona el siguiente cálculo.

Quítese el zapato y compruebe su número.

Ahora, añada dos ceros al final de su número de calzado.

$$800$$

A continuación, reste el año en que nació.

$$800 - 1992$$

Por último, súmele el número del año actual. Los dos últimos dígitos del número final darán la edad que tiene (o la que tendrá en su próximo cumpleaños en este mismo año). ¡Pruébelo!

$$800 - 1992 + 2024 = 832$$

¡32 años!

¿Cómo llegó a su edad a partir del número del zapato? De hecho, siempre que reste el año en que nació del año actual, obtendrá su edad. El hecho de añadir el número de zapato es solo una divertida distracción del simple cálculo. Al añadir dos ceros al número de zapato, lo está desplazando al lugar de las centenas o más, mientras que su año de nacimiento seguirá estando en el lugar de las unidades y las decenas. Esta será su respuesta para un número de zapato del 6, 8 y 11.

$$600 - 1992 + 2024 = 632$$

$$800 - 1992 + 2024 = 832$$

$$1100 - 1992 + 2024 = 1132$$

Entonces, ¿cómo entrenamos la mente para encontrar la mejor forma de resolver un problema? Todo se reduce a un poco de creatividad a la hora de utilizar nuestro sentido de los números. Tenemos los cinco sentidos: vista, oído, olfato, gusto y tacto, pero lo que tal vez no sepa es que también nacemos con un sexto sentido, que es el de los números.

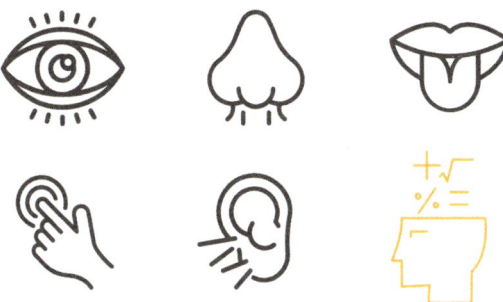

Esta capacidad especial nos ayuda a calcular aproximadamente las cantidades, a entender los patrones y a hacer comparaciones. Permítame que le muestre cómo funciona. Eche un vistazo rápido a los puntos de abajo. ¿Cuántos ve?

Apuesto a que al momento supo que había tres puntos, sin tener que contarlos individualmente, ¿no es verdad? ¿Y en este siguiente grupo de puntos? ¿Cuántos ve esta vez?

Intuitivamente sabe que a la izquierda hay dos puntos y otros cuatro a la derecha. ¡Esto se llama utilizar su sentido de los números sin siquiera saberlo! Es sorprendente el modo en que el cerebro es capaz de procesar y comprender números de forma rápida y exacta reconociendo inconscientemente los patrones. Y no solo eso, sino que nuestro sentido de los números también nos ayuda a hacer una estimación de los mismos de un modo que tenga sentido para nosotros.

Por ejemplo, ¿cuán largo es el número para un millón de segundos?

¡Un millón de segundos equivale a unos 12 días! ¿Y mil millones de segundos?

Mil millones de segundos equivale a la impresionante cifra de 32 años!

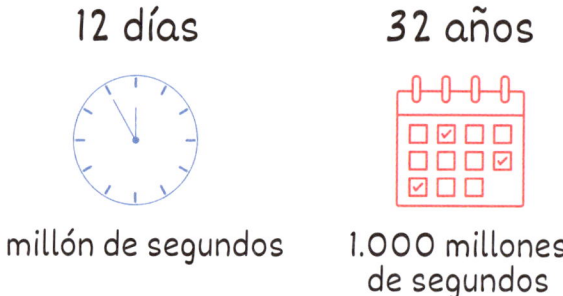

12 días

1 millón de segundos

32 años

1.000 millones de segundos

Si pensó que mil millones sería menos tiempo, no se preocupe, a todos nos pasa lo mismo. Mil millones es un número 1.000 veces mayor que un millón, pero a la mente le cuesta visualizar esa diferencia sin ejercitar nuestro sentido de los números. Compruebe estos dos montones de arroz, en los que cada grano representa 100.000. El montón de la izquierda suma un millón, y el de la derecha ¡mil millones! ¿Se imagina cuánto más arroz contiene el segundo montón?

1 millón

1.000 millones

Entrenando su sentido de los números a lo largo del presente libro, aprenderá a calcular aproximadamente las cantidades, a transformar números y a descubrir el camino más corto para resolver incluso el más difícil de los problemas matemáticos. Este libro es la llave con la que abrirá su nuevo enfoque hacia las matemáticas, un camino que le resultará muy entretenido. ¿Está listo para ser creativo y empezar a desvelar los secretos de las matemáticas conmigo? ¡Empecemos!

La magia del 0, 1, 2, 10 y 100

¿Está listo para aprender la astucia que se esconde tras un truco matemático? Este es el secreto: todo lo que está haciendo es descomponer números difíciles en otros más pequeños con los que poder trabajar más fácilmente. ¡Eso es todo! Permítame que le muestre lo que quiero decir, pero, primero, ¿qué hace que un número sea *difícil*? Cuando pensamos en un número difícil, nos imaginamos uno de muchos dígitos, por ejemplo 9.395.872. Los números largos pueden ser difíciles, pero no siempre es debido al tamaño. El tipo de número y cómo este se presenta puede que lo haga más complejo. Por ejemplo, piense en **20 x 300**. A primera vista, este cálculo puede parecer complicado, pero es mucho más fácil de resolver que **12 x 23**. Esto se debe a que 20 es solo **2 x 10** y 300 es **3 x 100**, así que simplemente multiplica **2 x 3** para llegar a 6, y después multiplica esta cifra por 1.000 para obtener 6.000.

Esto me lleva a nuestros números mágicos: 0, 1, 2, 10 y 100.

0   1   2   10   100

Estos números se convertirán en nuestros mejores amigos porque son, con diferencia, los más fáciles con los que nuestro cerebro puede trabajar. Hacen que incluso los cálculos más desafiantes parezcan facilísimos. Pero ¿por qué estos números? Examinémoslos más de cerca.

Multiplicar cualquier cosa por 2 es sencillo porque a nuestra mente le resulta fácil doblar un número, ¡incluso los grandes! Pruebe con **34 x 2** y **132 x 2**. Debería poder multiplicarlos fácilmente para obtener 68 y 264

Multiplicar cualquier cosa por 10 también es fácil; simplemente corra el punto decimal un lugar a la derecha (**7 x 10 = 70**). ¿Dividir por 10? Corra el decimal un lugar a la izquierda (**7 ÷ 0 = 0,7**). ¿Multiplicar o dividir por 100? Corra dos veces el punto decimal hacia la izquierda o la derecha. ¿Por 1.000? Córralo tres veces. ¡Así de fácil!

$$7 \times 10 \rightarrow 7{,}0 \rightarrow 70 \qquad 7 \div 10 \rightarrow 7{,}0 \rightarrow 0{,}7$$

$$7 \times 100 \rightarrow 7{,}0 \rightarrow 700 \qquad 7 \div 100 \rightarrow 7{,}0 \rightarrow 0{,}07$$

$$7 \times 1000 \rightarrow 7{,}0 \rightarrow 7000 \qquad 7 \div 1000 \rightarrow 7{,}0 \rightarrow 0{,}007$$

¿Qué pasa si su problema no contiene ninguno de los números mágicos? La buena noticia es que puede descomponer cualquier número en uno o varios números mágicos. Y aquí no termina todo; los números que acaban en cero, como el 0, 30, 40, 500, 6.000, 7.000 y 80.000 son también estupendos para trabajar.

Vayamos al ejemplo anterior, **12 x 23**. Una forma fácil de resolver el problema es descomponer el 12 en **10 + 2** y multiplicarlo por 23, pero recuerde que existen otras maneras.

$$(10 \times 23) + (2 \times 23)$$
$$230 + 46$$
$$276$$

¿Se acuerda de cuando antes visualizamos multiplicar dos dígitos como si lo hiciéramos con los lados de un rectángulo para encontrar el área? Podemos hacer lo mismo con el **12 x 23**.

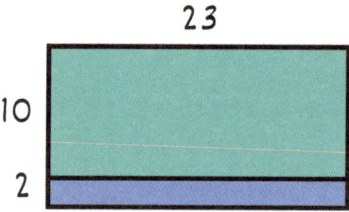

Si aprende a reconocer los «números mágicos» y a trabajar con ellos, pronto dominará el arte del cálculo mental y será capaz de resolver los problemas más difíciles en segundos. Empiece pues a descomponer sus números y ¡sorpréndase con lo que puede hacer sin una calculadora!

No olvide nunca las tablas de multiplicar

Bienvenido al primer paso de un emocionante viaje para dominar el cálculo mental. Todo comienza con lo más básico: las tablas de multiplicar del 2 al 10.

x	1	2	3	4	5	6	7	8	9	10
1	1	2	3	4	5	6	7	8	9	10
2	2	4	6	8	10	12	14	16	18	20
3	3	6	9	12	15	18	21	24	27	30
4	4	8	12	16	20	24	28	32	36	40
5	5	10	15	20	25	30	35	40	45	50
6	6	12	18	24	30	36	42	48	54	60
7	7	14	21	28	35	42	49	56	63	70
8	8	16	24	32	40	48	56	64	72	80
9	9	18	27	36	45	54	63	72	81	90
10	10	20	30	40	50	60	70	80	90	100

Una vez memorice estas tablas, podrá utilizarlas para calcular mentalmente números más complejos como 13 x 17. Así es, pronto será capaz de calcular en un instante la respuesta de 13 x 17 sin tener que memorizar la tabla de multiplicar del 13 ni del 17.

Si está cansado de memorizar tablas de multiplicar, le encantará este apartado. Vamos a cambiar las cosas reagrupando los números en formas y examinando gráficos para descubrir los patrones que contienen. ¡Empecemos!

0, 2, 4, 6, 8, repita

Comencemos por el principio con la tabla del 2. Estoy seguro de que la conoce al dedillo, pero ¿la ha representado alguna vez por medio de una cuadrícula?

Pasos

1 Dibuje una cuadrícula de dos filas y cinco columnas.

2 A continuación, escriba 0, 2, 4, 6, 8 en cada fila. Estos dígitos quedarán en el lugar de las unidades.

0	2	4	6	8
0	2	4	6	8

3 Ahora, añada un 0 en toda la primera fila. Los dígitos que teníamos quedarán en el lugar de las decenas.

00	02	04	06	08
0	2	4	6	8

¿Qué viene después del 0? ¡El 1! Escriba 1 en el lugar de las decenas de la segunda fila.

00	02	04	06	08
10	12	14	16	18

5 Ha completado su tabla del 2 del 2 x 0 al 2 x 9.

2X0 2X1 2X2 2X3 2X4

00	02	04	06	08
10	12	14	16	18

2X5 2X6 2X7 2X8 2X9

Puntos extra

¿Quiere ir más allá del **2 x 9**? Simplemente siga este sencillo patrón: escriba 0, 2, 4, 6, 8 en el lugar de las unidades y aumente el lugar de las decenas añadiendo un 1 en cada fila inferior. Compruebe la cuadrícula. ¿De qué modo le gustaría rellenar las siguientes filas?

00	02	04	06	08
10	12	14	16	18

○ 3 en línea, tres en raya

La tabla del 2 solo fue el calentamiento; es en la tabla del 3 donde
¡empieza lo bueno! ¿Recuerda el juego de tres en raya? Así es como
puede utilizarlo para la tabla del 3, del *3 x 1* hasta el *3 x 9*.

Pasos

1 Dibuje la rejilla del tres en raya.

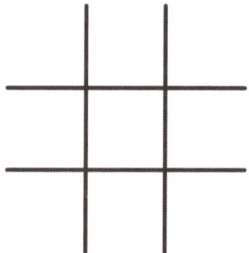

2 Cuente del 1 al 9 subiendo por cada columna de izquierda a derecha.
Estos números quedarán en el lugar de las unidades en su tabla del 3.

3	6	9
2	5	8
1	4	7

↑

3 A continuación, añada un 0 en toda la primera fila. Estos quedarán en el lugar de las decenas.

03	06	09
2	5	8
1	4	7

4 ¿Qué viene después del 0? ¡Pues el 1! Escriba 1 en el lugar de las decenas de la segunda fila.

03	06	09
12	15	18
1	4	7

5 El siguiente número después del 1 es el 2. Escriba 2 en el lugar de las decenas de la siguiente fila.

03	06	09
12	15	18
21	24	27

6 ¡Y con eso ya tiene su tabla del 3 del *3 x 1* al *3 x 9*!

3x1	3x2	3x3
03	06	09
3x4	3x5	3x6
12	15	18
3x7	3x8	3x9
21	24	27

¿Es capaz de dibujar 6 X?

Antes de continuar, hagamos una pequeña pausa, dejemos las matemáticas a un lado y divirtámonos. Este es mi juego de lógica favorito con una rejilla del tres en raya. ¡Allá vamos!

¿Es capaz de dibujar 6 X en esta rejilla sin tener 3 X en fila? Inténtelo.

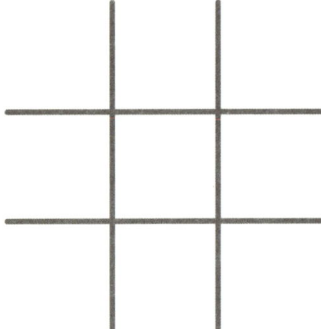

¿Alguna vez ha observado de cerca una pared de ladrillos? No consiste meramente en un montón de ladrillos puestos uno encima del otro como bloques de construcción. Se colocan formando un patrón alterno.

Esta disposición no solo crea una pared sólida, sino que también reduce la posibilidad de que los ladrillos se agrieten. ¿Y sabe qué? Utilizaremos este mismo patrón de ladrillos para recordar la tabla del 4. Póngase el casco de seguridad y pasemos a construir nuestra tabla del 4, del 4 x 0 hasta el 4 x 9.

Pasos

1 Utilice este patrón para colocar las primeras dos filas de ladrillos. Ponga tres ladrillos encima y dos debajo.

2 Escriba 0, 2, 4, 6, 8 en zigzag, de izquierda a derecha. Estos números ocuparán el lugar de las unidades.

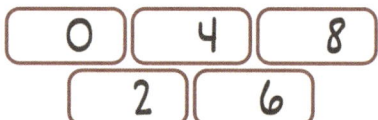

3 Ahora, añada otras dos filas de ladrilos siguiendo el patrón anterior.

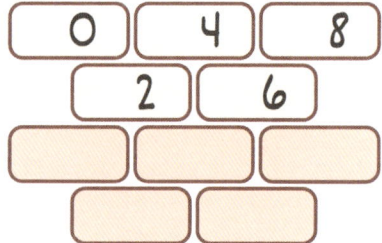

4 Escriba 0, 2, 4, 6, 8 siguiendo el mismo zigzag anterior.

5 Con todos los dígitos en su lugar, ya puede rellenar los espacios de las decenas. Estos siempre serán uno menos que el número de fila en la que se encuentran. Por ejemplo, escriba 0 en toda la primera fila, 1 en la segunda, 2 en la tercera y 3 en la cuarta.

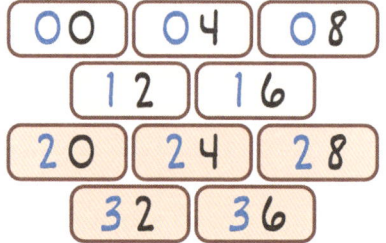

Habrá completado ahora su tabla del 4, del 4 x 0 al 4 x 9. ¡Bien hecho!

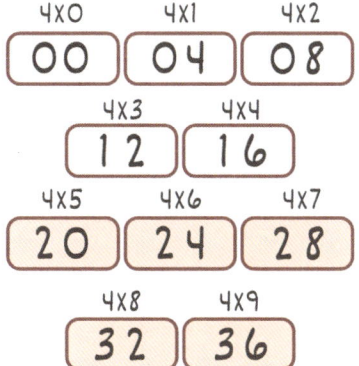

Puntos extra

¿Como continuaría este patrón de ladrillos para encontrar 4 x 10 y los números siguientes? Todo lo que debe hacer es añadir dos filas más de ladrillos, escribir 0, 2, 4, 6, 8 en zigzag en el lugar de las unidades y rellenar el lugar de las decenas en orden ascendente. En el ejemplo va del 4 x 0 al 4 x 14, pero puede continuar hasta 4 x 15 y seguir.

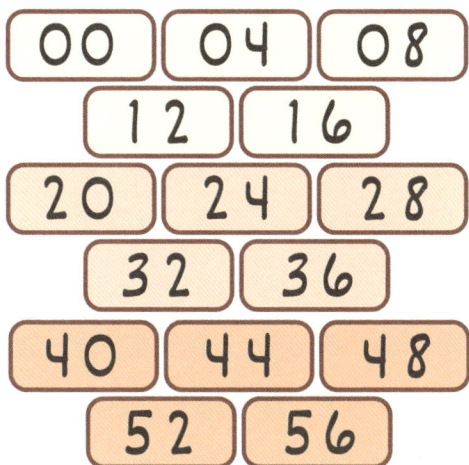

Vamos a construir nuestra tabla del 5 para mostrarle un nuevo patrón. Yo lo llamo subibaja entre 5 y 0 porque todos los números acaban en 5 o en 0.

Pasos

1. Escriba 0 y 5 de forma alternativa hasta llegar al final, del **5 x 0** al **5 x 13**. Estos números ocuparán el lugar de las unidades.

$$0 \times 5 = 0$$
$$1 \times 5 = 5$$
$$2 \times 5 = 0$$
$$3 \times 5 = 5$$
$$4 \times 5 = 0$$
$$5 \times 5 = 5$$
$$6 \times 5 = 0$$
$$7 \times 5 = 5$$
$$8 \times 5 = 0$$
$$9 \times 5 = 5$$
$$10 \times 5 = 0$$
$$11 \times 5 = 5$$
$$12 \times 5 = 0$$
$$13 \times 5 = 5$$

2 Escriba del 0 al 6 dos veces en el lugar de las decenas (0, 0, 1, 1, 2, 2, ... 5, 5, 6, 6). Con eso habrá completado la tabla del 5, de **5 x 0** a **5 x 13**. Pero espere, ¡todavía hay más! Puede repetir este patrón para **5 x 14** y posteriores.

$$0 \times 5 = 00$$
$$1 \times 5 = 05$$
$$2 \times 5 = 10$$
$$3 \times 5 = 15$$
$$4 \times 5 = 20$$
$$5 \times 5 = 25$$
$$6 \times 5 = 30$$
$$7 \times 5 = 35$$
$$8 \times 5 = 40$$
$$9 \times 5 = 45$$
$$10 \times 5 = 50$$
$$11 \times 5 = 55$$
$$12 \times 5 = 60$$
$$13 \times 5 = 65$$

○ Doble tres en raya para la tabla del 6

¿Está listo para pasar al siguiente nivel del tres en raya? Esta vez usaremos dos rejillas para crear la tabla del 6, del 6 x 0 al 6 x 10.

Pasos

1   Dibuje dos rejillas para el tres en raya, una al lado de la otra.

2   Escriba un 0 bajo la primera columna de cada rejilla. Cuente hasta 9 subiendo por cada columna de izquierda a derecha. Estos números quedarán en el lugar de las unidades en su tabla del 6.

3	6	9		3	6	9
2	5	8		2	5	8
1	4	7		1	4	7
0				0		

3   ¿Qué hay de los dígitos en el lugar de las decenas? Serán los mismos en cada fila y ascenderán un numero al ir bajando por cada fila. Empezando por la rejilla de la izquierda, escriba 0 en la primera fila, 1 en la segunda, 2 en la tercera y, por último, 3 en la parte inferior.

03	06	09		3	6	9
12	15	18		2	5	8
21	24	27		1	4	7
30				0		

4 Para rellenar los espacios de las decenas de la rejilla de la derecha, empiece por el 3 de la primera fila y vaya bajando por cada fila hasta el 6.

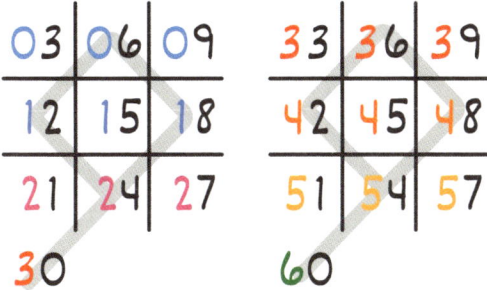

03	06	09
12	15	18
21	24	27
30		

33	36	39
42	45	48
51	54	57
60		

5 ¡Ahora viene lo interesante! Trace una especie de gorra de béisbol inclinada sobre cada rejilla. Las líneas de la figura deben pisar cinco números.

03	06	09
12	15	18
21	24	27
30		

33	36	39
42	45	48
51	54	57
60		

6 La tabla del 6 incluirá todos los números pisados por las líneas de la gorra de béisbol. Léalos de arriba abajo empezando por la rejilla de la izquierda.

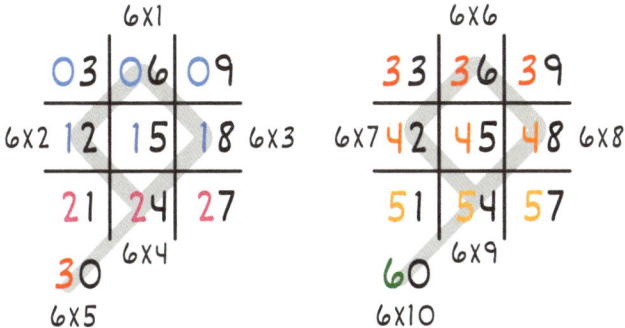

6X1
6X2 6X3
6X4
6X5

6X6
6X7 6X8
6X9
6X10

Tres en raya para la tabla del 7

¿Está listo para la tabla del 7? Hasta ahora hemos usado la rejilla del tres en raya para las tablas del 3 y del 6, y aquí la emplearemos por última vez. Es mucho más fácil que cuando tuvo que recurrir a dos rejillas para la tabla del 6, ¡se lo prometo!

Pasos

1 Dibuje una rejilla de tres en raya.

2 Escriba los números del 1 al 9 empezando por la parte superior derecha y finalizando en la parte inferior izquierda. Estos números quedarán en los espacios de las decenas.

7	4	1
8	5	2
9	6	3

3 Escriba 0, 1, 2 en la primera fila. Estos números ascendentes ocuparán los espacios de las decenas.

07	14	21
8	5	2
9	6	3

4 Los números de las decenas de la segunda fila también están en orden ascendente, pero esta vez empezando por el 2.

07	14	21
28	35	42
9	6	3

5 Por último, escriba en la tercera fila los dígitos de las decenas en orden ascendente empezando por el 4.

07	14	21
28	35	42
49	56	63

6 ¡Ha completado la tabla del 7, del **7 x 1** al **7 x 9**! Cada fila está ordenada de izquierda a derecha.

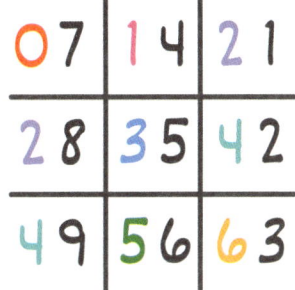

7x1	7x2	7x3
07	14	21
7x4	7x5	7x6
28	35	42
7x7	7x8	7x9
49	56	63

¿Fracciones con denominador 7? Recuerde el 142857

Hablando del número 7, quiero mostrarle algo fascinante que ocurre con el 7, antes de seguir con las tablas de multiplicar.

Siempre que se encuentre con una fracción cuyo denominador sea 7, el resultado será un decimal periódico largo que esconde un patrón. Si observa detenidamente, en todos los resultados verá la secuencia 142857. Todas las fracciones propias con denominador 7 repetirán esta secuencia una y otra vez, aunque en distinto orden.

142857

$$\frac{1}{7} = 0,1428571428\ldots$$

$$\frac{2}{7} = 0,2857142857\ldots$$

$$\frac{3}{7} = 0,4285714285\ldots$$

$$\frac{4}{7} = 0,5714285714\ldots$$

$$\frac{5}{7} = 0,7142857142\ldots$$

$$\frac{6}{7} = 0,8571428571\ldots$$

Cruzar el río: la tabla del 8

¿Le resulta difícil memorizar la tabla del 8? Pruebe a emplear este sencillo patrón y en poco tiempo la dominará. Solo tiene que acordarse de cruzar el río a medio camino.

Pasos

1. Vamos a resolver la tabla del 8. Lo primero que debe hacer es trazar una línea entre **5 x 8** y **6 x 8**. A mí me gusta imaginármelo como un río que después cruzaré.

$$1 \times 8 =$$
$$2 \times 8 =$$
$$3 \times 8 =$$
$$4 \times 8 =$$
$$5 \times 8 =$$

$$6 \times 8 =$$
$$7 \times 8 =$$
$$8 \times 8 =$$
$$9 \times 8 =$$
$$10 \times 8 =$$

2 Empecemos por los números del espacio de las decenas. Escriba del 0 al 4 bajando desde la parte superior del río.

$$1 \times 8 = 0$$
$$2 \times 8 = 1$$
$$3 \times 8 = 2$$
$$4 \times 8 = 3$$
$$5 \times 8 = 4$$

$$6 \times 8 =$$
$$7 \times 8 =$$
$$8 \times 8 =$$
$$9 \times 8 =$$
$$10 \times 8 =$$

3 Cruce el río y siga bajando, escribiendo del 4 al 8.

$$1 \times 8 = 0$$
$$2 \times 8 = 1$$
$$3 \times 8 = 2$$
$$4 \times 8 = 3$$
$$5 \times 8 = 4$$

$$6 \times 8 = 4$$
$$7 \times 8 = 5$$
$$8 \times 8 = 6$$
$$9 \times 8 = 7$$
$$10 \times 8 = 8$$

4 Ahora vuelva a subir el río y escriba 0, 2, 4, 6, 8 en el espacio de las unidades.

$$1 \times 8 = 0$$
$$2 \times 8 = 1$$
$$3 \times 8 = 2$$
$$4 \times 8 = 3$$
$$5 \times 8 = 4$$

$$6 \times 8 = 48$$
$$7 \times 8 = 56$$
$$8 \times 8 = 64$$
$$9 \times 8 = 72$$
$$10 \times 8 = 80$$

5 Cruce el río, prosiga con 0, 2, 4, 6, 8 ¡y ya está! Ha completado su tabla del 8, del *8 x 1* al *8 x 10*.

$$1 \times 8 = 08$$
$$2 \times 8 = 16$$
$$3 \times 8 = 24$$
$$4 \times 8 = 32$$
$$5 \times 8 = 40$$

$$6 \times 8 = 48$$
$$7 \times 8 = 56$$
$$8 \times 8 = 64$$
$$9 \times 8 = 72$$
$$10 \times 8 = 80$$

○ Lo que baja, sube

Existe un dicho que siempre me ha ayudado a recordar la tabla del 9. ¿Ha oído antes la expresión «lo que sube, baja»? Es una frase común que nos recuerda que nada puede seguir subiendo sin parar y que todo al final vuelve a un estado de equilibrio.

Por ejemplo, cuando oye por primera vez una canción pegadiza, no podrá dejar de cantarla, pero años después se dirá: «¿Cómo era esa canción?». Aunque lance una pelota al aire, subirá e inevitablemente bajará.

Hoy haremos las cosas al revés para crear la tabla del 9, del 9 x 1 al 9 x 10. A veces, ¡lo que sube no vuelve a bajar! Observemos la tabla del 9 y desvelemos un patrón que nunca olvidará.

$$1 \times 9 =$$
$$2 \times 9 =$$
$$3 \times 9 =$$
$$4 \times 9 =$$
$$5 \times 9 =$$
$$6 \times 9 =$$
$$7 \times 9 =$$
$$8 \times 9 =$$
$$9 \times 9 =$$
$$10 \times 9 =$$

Pasos

1 ¿Está listo para contar? Empecemos por la parte superior: escriba del 0 al 9 hasta llegar abajo.

$$1 \times 9 = 0$$
$$2 \times 9 = 1$$
$$3 \times 9 = 2$$
$$4 \times 9 = 3$$
$$5 \times 9 = 4$$
$$6 \times 9 = 5$$
$$7 \times 9 = 6$$
$$8 \times 9 = 7$$
$$9 \times 9 = 8$$
$$10 \times 9 = 9$$

2 ¡Sigamos contando! Volveremos a escribir del 0 al 9, pero esta vez en sentido ascendente. ¡Y ahí tiene su tabla del 9 completa!

$$1 \times 9 = 09$$
$$2 \times 9 = 18$$
$$3 \times 9 = 27$$
$$4 \times 9 = 36$$
$$5 \times 9 = 45$$
$$6 \times 9 = 54$$
$$7 \times 9 = 63$$
$$8 \times 9 = 72$$
$$9 \times 9 = 81$$
$$10 \times 9 = 90$$

Repetir fracciones con denominador 9

¿Ha observado alguna vez este patrón en las fracciones propias con denominador 9? Todas ellas serán un decimal que repite el número escrito sobre el 9.

$$\frac{1}{9} = 0,1111111111111111...$$

$$\frac{2}{9} = 0,2222222222...$$

$$\frac{3}{9} = 0,3333333333...$$

$$\frac{4}{9} = 0,4444444444...$$

$$\frac{5}{9} = 0,5555555555...$$

$$\frac{6}{9} = 0,6666666666...$$

$$\frac{7}{9} = 0,777777777777...$$

$$\frac{8}{9} = 0,8888888888...$$

El sandwich de 99 y 999

Una vez memorizada la tabla del 9, ya está de camino para dominar las tablas del 99 y del 999. El secreto es simple: utilice el mismo patrón que para la tabla del 9, pero introduzca uno o dos 9 en el medio. ¡Vamos a construir la tabla del 99!

1 X 99 =
2 X 99 =
3 X 99 =
4 X 99 =
5 X 99 =
6 X 99 =
7 X 99 =
8 X 99 =
9 X 99 =
10 X 99 =

Pasos

1. Tal como hizo con la tabla del 9, escriba del 0 al 9 de arriba a abajo.

1 X 99 = 0
2 X 99 = 1
3 X 99 = 2
4 X 99 = 3
5 X 99 = 4
6 X 99 = 5
7 X 99 = 6
8 X 99 = 7
9 X 99 = 8
10 X 99 = 9

2 Esta vez, escriba una línea de nueves después de su primera fila de números.

$$1 \times 99 = 0\ 9$$
$$2 \times 99 = 1\ 9$$
$$3 \times 99 = 2\ 9$$
$$4 \times 99 = 3\ 9$$
$$5 \times 99 = 4\ 9$$
$$6 \times 99 = 5\ 9$$
$$7 \times 99 = 6\ 9$$
$$8 \times 99 = 7\ 9$$
$$9 \times 99 = 8\ 9$$
$$10 \times 99 = 9\ 9$$

3 Por último, escriba de nuevo del 0 al 9, pero esta vez de abajo a arriba. ¡Y ya está! Ha creado su propia tabla del 99 en tres sencillos pasos.

$$1 \times 99 = 0\ 9\ 9$$
$$2 \times 99 = 1\ 9\ 8$$
$$3 \times 99 = 2\ 9\ 7$$
$$4 \times 99 = 3\ 9\ 6$$
$$5 \times 99 = 4\ 9\ 5$$
$$6 \times 99 = 5\ 9\ 4$$
$$7 \times 99 = 6\ 9\ 3$$
$$8 \times 99 = 7\ 9\ 2$$
$$9 \times 99 = 8\ 9\ 1$$
$$10 \times 99 = 9\ 9\ 0$$

Ahora que conoce el patrón secreto de la tabla del 99, ¿le apetece escribir la del 999?

$$1 \times 999 =$$
$$2 \times 999 =$$
$$3 \times 999 =$$
$$4 \times 999 =$$
$$5 \times 999 =$$
$$6 \times 999 =$$
$$7 \times 999 =$$
$$8 \times 999 =$$
$$9 \times 999 =$$
$$10 \times 999 =$$

Pasos

1 Escriba del 0 al 9 de arriba abajo.

$$1 \times 999 = 0$$
$$2 \times 999 = 1$$
$$3 \times 999 = 2$$
$$4 \times 999 = 3$$
$$5 \times 999 = 4$$
$$6 \times 999 = 5$$
$$7 \times 999 = 6$$
$$8 \times 999 = 7$$
$$9 \times 999 = 8$$
$$10 \times 999 = 9$$

(2) Esta vez, escriba dos líneas de nueves.

$$1 \times 999 = 0\ 9\ 9$$
$$2 \times 999 = 1\ 9\ 9$$
$$3 \times 999 = 2\ 9\ 9$$
$$4 \times 999 = 3\ 9\ 9$$
$$5 \times 999 = 4\ 9\ 9$$
$$6 \times 999 = 5\ 9\ 9$$
$$7 \times 999 = 6\ 9\ 9$$
$$8 \times 999 = 7\ 9\ 9$$
$$9 \times 999 = 8\ 9\ 9$$
$$10 \times 999 = 9\ 9\ 9$$

(3) Escriba del 0 al 9 de abajo hasta arriba, ¡y obtendrá la tabla del 999!

$$1 \times 999 = 0\ 9\ 9\ 9$$
$$2 \times 999 = 1\ 9\ 9\ 8$$
$$3 \times 999 = 2\ 9\ 9\ 7$$
$$4 \times 999 = 3\ 9\ 9\ 6$$
$$5 \times 999 = 4\ 9\ 9\ 5$$
$$6 \times 999 = 5\ 9\ 9\ 4$$
$$7 \times 999 = 6\ 9\ 9\ 3$$
$$8 \times 999 = 7\ 9\ 9\ 2$$
$$9 \times 999 = 8\ 9\ 9\ 1$$
$$10 \times 999 = 9\ 9\ 9\ 0$$

○ ¿Sin gráficos? ¡Ningún problema!

¿Está listo para cambiar las cosas y probar un nuevo enfoque para multiplicar desde el 9 x 1 al 9 x 10? ¡Pruebe lo siguiente!

Vamos a multiplicar 9 x 7 con estos dos pasos.

$$9 \times 7$$

Pasos

1 En primer lugar, anotaremos los números de los espacios de las decenas. Este es el patrón: el número de las decenas de su respuesta siempre será uno menos que el número que está multiplicando por 9.

$$9 \times \textcircled{7} = \underline{6}\ \underline{}$$

2 Para encontrar los números de las unidades, pregúntese: «¿Qué número añadido al espacio de las decenas dará 9?». En nuestro ejemplo tenemos un 6, y si le añadimos un 3 obtendremos 9. Por tanto, el 3 será el del espacio de las unidades y su respuesta será 63.

$$6 + \underline{} = 9$$

$$9 \times 7 = \underline{6}\,\underline{3}$$

Puntos extra

Resolvamos otro caso para que vaya cogiéndole el tranquillo.

$$9 \times 3$$

En primer lugar, reste 1 de 3 para obtener la respuesta del número que corresponde al espacio de las decenas.

$$9 \times ③ = \overset{-1}{2}\_$$

¿Qué número sumado al 2 que acaba de escribir dará 9? ¡El 7! Por tanto, la respuesta a **9 x 3** será 27.

$$2 + \_ = 9$$

$$9 \times 3 = 2\ 7$$

¿Le gusta contar con los dedos? Entonces le encantará esta nueva técnica, con la que multiplicaremos de 9 x 1 a 9 x 19 utilizando únicamente los dedos. Todo lo que tiene que hacer es extender los dedos con las palmas hacia arriba y etiquetar los dedos del 1 al 10.

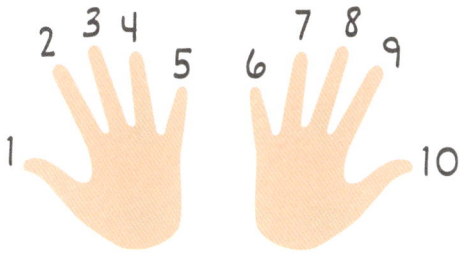

¡Muy bien! Está preparado para resolver un problema.
Empecemos con 9 x 3.

9 X 3

○○○○○○○○○○○○○○○○○○○○○○○○

Pasos

1 Primero pregúntese: «¿Por qué número voy a multiplicar el 9?».
En este caso es el 3, así que baje el dedo etiquetado con el 3.
Si multiplicara 9 x 7, bajaría el dedo etiquetado con el 7.

9 X 3 = __

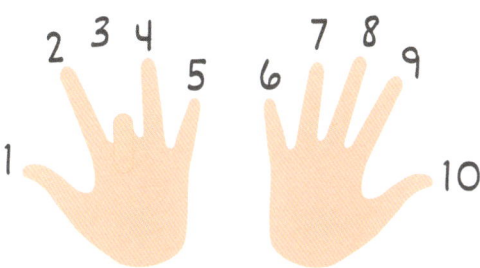

(2) A continuación, cuente cuántos dedos hay a la izquierda del dedo que bajó. Este será el que ocupará el espacio de las decenas.

$$9 \times 3 = \underline{2}\underline{}$$

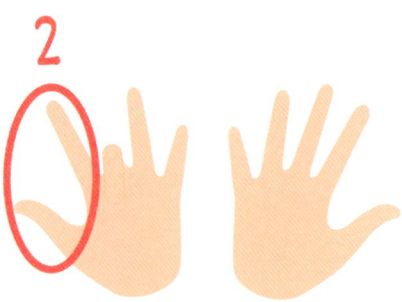

(3) Ahora cuente los dedos que quedan a la derecha del dedo que bajó. Este será el de las unidades. Combinando ambos números obtendrá la respuesta.

$$9 \times 3 = \underline{2}\underline{7}$$

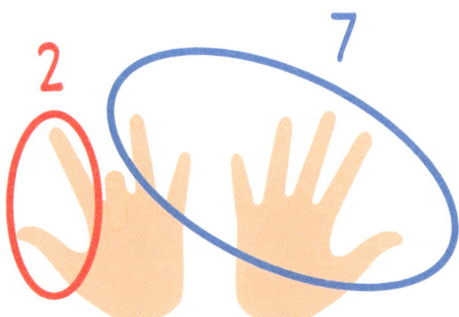

1 Funciona de maravilla, ¿no cree? Pruebe ahora con **9 x 9** para consolidar la técnica. ¿Qué es lo primero que debe hacer? Bajar el dedo correspondiente al número 9.

$$9 \times 9 = \underline{}$$

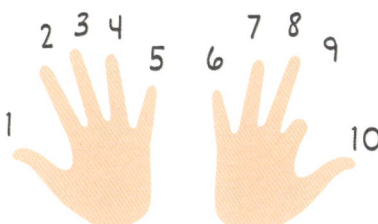

2 Cuente los dedos que quedan a la izquierda del noveno dedo.

$$9 \times 9 = \underline{8}\underline{}$$

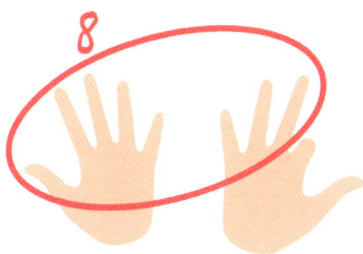

3 Cuente los dedos que quedan a la derecha del noveno dedo. Por último, combine el número de dedos de la izquierda (8) y de la derecha (1) para obtener 81.

$$9 \times 9 = \underline{8}\,\underline{1}$$

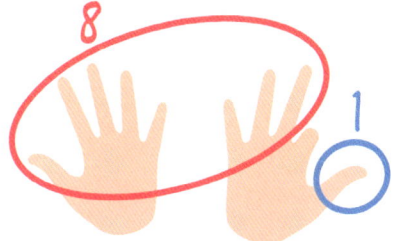

○ Multiplicar del 6 al 10 con los dedos

Llevemos esta técnica al siguiente nivel para multiplicar cualquier número del 6 al 10 con los dedos. Extienda ambas manos frente a usted y etiquete lo dedos del 6 al 10, el 6 para el meñique y el 10 para el pulgar.

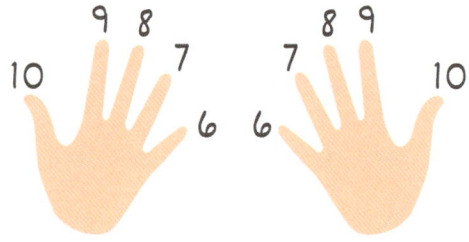

Con los dedos extendidos, multipliquemos 7 x 8.

7 X 8

○ ○

Pasos

1 En primer lugar, gire las manos hacia dentro de modo que la punta del séptimo dedo de la mano izquierda toque la punta del octavo dedo de la mano derecha.

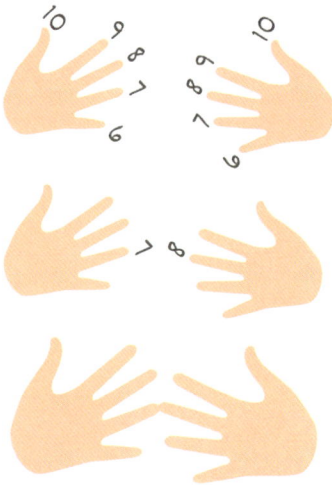

2 A continuación, cuente los dedos que quedan debajo de los dedos que se tocan, incluyéndolos en la cuenta final. Cada dedo equivale a 10, así que si cuenta 5 dedos, el resultado es 50.

5 dedos = 50

3 Ahora cuente los dedos que quedan por encima de los que se tocan, pero esta vez no incluya los dedos que se tocan. En este caso, hay 3 dedos de la mano izquierda y 2 de la derecha. Multiplique estos dos números para obtener **3 x 2 = 6**.

$$3 \times 2 = 6$$

4 Por último, sume el 50 del segundo paso y el 6 del tercer paso y tendrá la respuesta: 56.

$$7 \times 8 = 50 + 6 = 56$$

Puntos extra

¿Le apetece hacer otra divertida multiplicación con los dedos? Pruebe con **6 x 7** y verá lo fácil que es. Toque el sexto dedo de la mano izquierda con el séptimo dedo de la mano derecha.

A continuación, cuente los dedos que quedan por debajo de los que se tocan, incluyéndolos. En este caso, hay 3 dedos. Cada dedo equivale a 10, así que 3 dedos son igual a 30.

3 dedos = 30

Ahora cuente los dedos que quedan por encima de los que se tocan, sin incluirlos. En este caso, hay 4 dedos a la izquierda y 3 a la derecha. Multiplique estos dos números para obtener **4 x 3 = 12**.

$$4 \times 3 = 12$$

Por último, sume 30 más 12 para obtener la respuesta, que es 42. Es fácil, ¿no le parece? Pruébelo la próxima vez que tenga que multiplicar números del 6 al 10.

$$6 \times 7 = 30 + 12 = 42$$

○ El 11 viene en pares

La tabla del 11 es la más fácil, además de mi favorita. ¿Por qué? Igual que los calcetines, las botas y los pendientes, el 11 siempre viene en pares. Construyamos el gráfico para la tabla del 11 y entenderá lo que quiero decir.

1 X 11 =
2 X 11 =
3 X 11 =
4 X 11 =
5 X 11 =
6 X 11 =
7 X 11 =
8 X 11 =
9 X 11 =
10 X 11 =

○○○○○○○○○○○○○○○○○○○○○○○○○

Pasos

1 Todas las respuestas del 11 x 1 hasta el 11 x 9 tendrán dos cifras, y ambas serán el número por el que multiplica el 11. Tomemos como ejemplo el 2 x 11. El 11 multiplicado por 2 da 22.

1 X 11 = 11
2 X 11 = 22
3 X 11 = 33
4 X 11 = 44
5 X 11 = 55
6 X 11 = 66
7 X 11 = 77
8 X 11 = 88
9 X 11 = 99
10 X 11 =

2 Para 11 x 10, los dos primeros dígitos serán el de las decenas del 10, y el último dígito el de las unidades de 10. ¿Y multiplicar más allá de 11 x 10? En el capítulo *Domine el arte de la multiplicación* (pág. 67) le enseñaré un truco fenomenal que podrá utilizar para multiplicar cualquier número de dos o tres cifras por 11, ¡permanezca atento!

$$1 \times 11 = 11$$
$$2 \times 11 = 22$$
$$3 \times 11 = 33$$
$$4 \times 11 = 44$$
$$5 \times 11 = 55$$
$$6 \times 11 = 66$$
$$7 \times 11 = 77$$
$$8 \times 11 = 88$$
$$9 \times 11 = 99$$
$$10 \times 11 = 110$$

Estrategias sencillas para sumar y restar

Ahora ya sabemos cómo va esto: es más fácil trabajar con números grandes si los descomponemos en otros más pequeños (en especial 0, 1, 2, 10 o 100) y los combinamos del modo que más nos convenga.

Entonces, ¿cómo sumaría 735 y 213? O ¿cómo restaría 253 de 378? Existen numerosas formas de descomponer estos números, pero estas cinco que le muestro ahora las he utilizado con frecuencia como ingeniera y creo que son importantes.

Bloques de valores posicionales

Esta es la forma más común de descomponer números al sumarlos: separarlos en sus valores posicionales (unidades, decenas, centenas, unidades de mil, etc.) y después sumarlos grupo por grupo.

$$735 + 213$$

$$= (700 + 30 + 5) + (200 + 10 + 3)$$

$$= (700 + 200) + (30 + 10) + (5 + 3)$$

$$= 900 + 40 + 8$$

$$= 948$$

¿Por qué funciona tan bien esta técnica? Permítame demostrárselo mediante bloques. Aquí hay dos montones aleatorios de bloques. ¿Cuántos bloques obtenemos si combinamos ambos?

Tardaremos un rato en contar los bloques de cada montón. Pero si en lugar de ello descomponemos cada montón en grupos de diez bloques, será fácil ver que el primero está compuesto por 27 bloques, el segundo por 12 y el tercero por 39. Es por ello que el hecho de descomponer los números según su valor posicional hace que la suma resulte mucho más fácil.

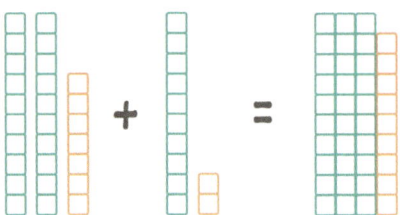

Barajar las cartas

Otro sencillo truco para sumar números grandes es agruparlos por bloques que sumen números redondos. Por ejemplo, si ve dos números cualquiera cuyos últimos dígitos sumen 10, ¡pruebe a agruparlos primero!

$$31 + 14 + 25 + 9 + 16$$
$$= (31 + 9) + (14 + 16) + 25$$
$$= 40 + 30 + 25$$
$$= 95$$

Pero sus grupos no tienen por qué sumar 10. Toda situación es diferente. Sea creativo y busque patrones.

$$1 + 2 + 3 + 4 + 5 + 6 + 7 + 8 + 9 + 10$$
$$= (1 + 10) + (2 + 9) + (3 + 8) + (4 + 7) + (5 + 6)$$
$$= 11 + 11 + 11 + 11 + 11$$
$$= 55$$

El siguiente es un divertido desafío: ¿es capaz de encontrar una forma de sumar rápidamente todos los números del 1 al 100 mediante agrupaciones?

$$1 + 2 + 3 + 4 + \ldots + 97 + 98 + 99 + 100$$

$$= (1 + 100) + (2 + 99) + (3 + 98) + (4 + 97) + \ldots$$

$$= 101 + 101 + 101 + 101 + 101 + \ldots$$

$$= 50 \times 101$$

$$= 5050$$

¿Y cómo supe que tenía que multiplicar 101 x 50? Siempre que sume números consecutivos que empiecen por 1 y acaben en un número par, la cantidad de grupos que incluye el patrón indicado arriba será siempre igual al último número par dividido por 2.

Toma y daca

Esta es una forma estupenda de sumar números acabados en 9. Conviértalos en números redondos que acaben en cero tomando prestado un 1 de otros números.

$$29 + 57$$

$$= (29 + 1) + (57 - 1)$$

$$= 30 + 56$$

$$= 86$$

Lo mejor de esta técnica es que no se limita a los números que acaban en 9. Siempre puede tomar prestado lo que necesite de otros números.

$$117 + 73$$

$$= (117 + 3) + (73 - 3)$$

$$= 120 + 70$$

$$= 190$$

Resta: parte I y parte II

Pasemos a algunas técnicas de restar. Este es mi método habitual para restar números menores de 10. Pruebe a descomponer el problema en dos partes. En primer lugar, reste hasta llegar a un número redondo acabado en cero. A continuación, reste el resto.

$$32 - 7$$

$$32 - 2 = 30$$
$$30 - 5 = 25$$

$$173 - 9$$

$$173 - 3 = 170$$
$$170 - 6 = 164$$

Restar bloques de valores posicionales

¿Qué pasa si tiene que restar números superiores al 10? No hay problema, simplemente descompóngalos en sus valores posicionales y réstelos uno a uno.

$$378 - 253$$

$$378 - 200 = 178$$
$$178 - 50 = 128$$
$$128 - 3 = 125$$

Estos son solo unos cuantos métodos de descomponer números grandes para sumar y restar. A medida que avance en la práctica de los ejercicios del libro, pruebe a experimentar con diferentes técnicas hasta encontrar la que mejor le convenga. ¡Sea creativo y diviértase!

⦿ Sumar números impares en segundos

$$1 + 3 + 5 + 7 + 9 + 11$$

¿Sabía usted que se puede sumar 1 + 3 + 5 + 7 + 9 + 11 sin sumar ninguno de ellos en realidad? Al sumar números impares consecutivos empezando por el 1, un patrón singular empieza a cobrar forma. ¡Observe!

Pasos

① Cuente la cantidad de números impares consecutivos que se suman. En nuestro ejemplo tenemos 6 números impares.

$$1 + 3 + 5 + 7 + 9 + 11$$
$$\uparrow \quad \uparrow \quad \uparrow \quad \uparrow \quad \uparrow \quad \uparrow$$
$$1 \quad 2 \quad 3 \quad 4 \quad 5 \quad 6$$

② Calcule el cuadrado de ese número para obtener la respuesta.
$1 + 3 + 5 + 7 + 9 + 11 = 6^2 = 36$.

$$6^2 = 36$$

Probemos con otro ejemplo. ¿Cuánto suma 1 + 3 + 5 + 7 + 9 + 11 + 13 + 15? Esta vez añadimos 8 números impares consecutivos, así que el resultado es $1 + 3 + 5 + 7 + 9 + 11 + 13 + 15 = 8^2 = 64$.

Avancemos un poco más. ¿Cómo sumaría 1 + 3 + 5 + ... + 97 + 99? En lugar de contar cuántos números impares está sumando, pruebe a hacer esto: sume 1 al último número (99 + 1 = 100) y después divídalo por 2 (100 : 2 = 50). Esto significa que hay 50 números impares entre el 1 y el 99 incluido, y que por tanto $1 + 3 + 5 + ... + 97 + 99 = 50^2 = 2.500$.

Práctica

$$1 + 3 + 5 + 7 + 9 + 11 + 13 + 15 + 17 + 19 + 21$$

Suma de números impares del 1 al 199

Suma de todos los números impares hasta 2.007

¿Por qué funciona esto?

Permítame presentarle el concepto de la *progresión aritmética*. Es un poco largo de explicar y requiere una buena cantidad de álgebra, pero si acepta el desafío, ¡vamos allá! ¿Qué es entonces una progresión aritmética? Básicamente, es una serie de números que aumentan en la misma cantidad cada vez. Por ejemplo, 5, 8, 11, 14, 17 es una progresión aritmética porque cada número es 3 más que el anterior. En cambio, 1, 2, 7, 98 no es una progresión aritmética porque el aumento de 2 a 7 es diferente al de 7 a 98.

Entonces, ¿qué relación tiene esto con la suma de números impares consecutivos? Pues resulta que sumar números impares consecutivos (ya sabe, 1, 3, 5, 7, 9 …) es una progresión aritmética que aumenta 2 con cada nuevo número. Y si quisiera sumar todos los números de una progresión aritmética, hay una fórmula para ello: $S_n = (n/2)(2a + (n - 1)d)$. En este caso, «$S_n$» es la suma, «$n$» corresponde a los números que añade, «a» es el primer número y «d» es la diferencia entre cada número.

$$S_n = \frac{n}{2}[2a + (n - 1)d]$$

S_n = suma de la progresión aritmética

n = número de términos

a = el primer término

d = la diferencia entre cada número

Cuando sumamos números impares consecutivos, podemos asignar «a» al 1 y «d» al 2. Entonces, si reemplazamos estos valores en la fórmula anterior, se simplifica a $S_n = n^2$. Esto significa que la suma del número «n» de números impares consecutivos será n^2.

¿Quiere saltarse el álgebra? Existe otra forma de demostrarlo que es mucho más divertida: ¡mediante formas! Colocaremos unos cuantos bloques en forma de «L» para crear unos números impares.

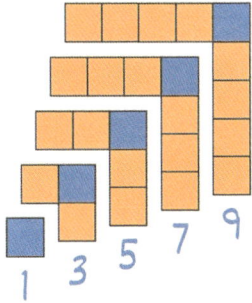

Simplemente conectando los bloques en forma de «L», adivine qué creará: ¡un cuadrado! El número de bloques azules de su cuadrado equivale al número de números impares que está sumando. Este es el secreto para comprender la suma de números impares consecutivos: es el cuadrado del número de números impares consecutivos que se suman.

$$1 + 3 + 5 + 7 + 9 = 5^2 = 25$$

○ Sumar números pares mentalmente

Ha aprendido el truco para sumar al instante números impares consecutivos como $1 + 3 + 5 + 7 + 9$, pero ¿qué hay de los números pares? Observe como surge la magia cuando sumamos $2 + 4 + 6 + 8 + 10 + 12$.

$$2 + 4 + 6 + 8 + 10 + 12$$

Pasos

1 Cuente el número de números pares que se suman.

$$2 + 4 + 6 + 8 + 10 + 12$$
$$\uparrow \quad \uparrow \quad \uparrow \quad \uparrow \quad \uparrow \quad \uparrow$$
$$1 \quad 2 \quad 3 \quad 4 \quad 5 \quad 6$$

2 Multiplique ese número por 1 más que sí mismo ¡y ahí tiene la respuesta! En nuestro ejemplo, tenemos 6 números pares. A partir de ahí, 1 más que 6 es 7, y cuando multiplicamos **6 x 7** obtenemos 42. Por tanto, $2 + 4 + 6 + 8 + 10 + 12 = 42$.

$$6 \times 7 = 42$$
$$\uparrow$$
$$6 + 1$$

Probemos con algo un poco más difícil. ¿Cómo sumaría todos los números pares consecutivos hasta 200 ($2 + 4 + 6 + ... + 196 + 198 + 200$)?

En lugar de contar individualmente los números pares que vemos, recuerde el truco que aprendimos en la página 55. Divida 200 entre 2 ($200 : 2 = 100$) y sabrá que hay 100 números pares entre el 2 y el 200. Ahora multiplique 100 por uno más para obtener la respuesta ($100 \times 101 = 10.100$).

Práctica

$$2 + 4 + 6 + 8 + 10 + 12 + 14 + 16 + 18$$

Suma de números pares del 2 al 20

Suma de todos los números pares hasta 1.000

¿Por qué funciona esto?

¿Recuerda la fórmula de la progresión aritmética que vimos cuando sumábamos números impares consecutivos?

$$S_n = \frac{n}{2}[2a + (n - 1)d]$$

S_n = suma de la progresión aritmética

n = número de términos

a = el primer término

d = la diferencia entre cada número

Pues bien, sumar números pares consecutivos (como 2, 4, 6, 8, 10…) también es una progresión aritmética que aumenta un 2 cada vez, pero en este caso empezamos con el 2 en lugar del 1. Esto significa que «a» será 2 («d» seguirá siendo 2). Si reemplazamos estos valores en la fórmula, esta se simplificará a $S_n = n(n + 1)$. Esto significa que la suma de «n» números pares consecutivos es $n(n+1)$.

$$8000$$
$$-3729$$

Aquí tiene una forma creativa para restar de un número grande que acaba en ceros, como 500, 82.000 o 108.000. Es rápida y fácil, pero no funcionará igual de bien si los ceros no están al final, como por ejemplo 108 o 900.582. ¿Y la guinda del pastel? ¡No tendrá que «llevarse» ningún número más!

Pasos

1 Empiece restando 1 de ambos números. Por ejemplo, 8.000 pasará a ser 7.999 y 3.729 se convertirá en 3.728.

$$8000-1 \qquad 7999$$
$$-3729-1 \quad \longrightarrow \quad -3728$$

2 Ahora simplemente reste los números de cada valor posicional como de costumbre, de derecha a izquierda. Empiece restando **9 - 8** en el lugar de las unidades y continúe hacia las unidades de mil. Cuando termine, tendrá su respuesta.

$$7999 \qquad\qquad 7999$$
$$-3728 \quad \longrightarrow \quad -3728$$
$$1 \qquad\qquad 4271$$

Práctica

$$700$$
$$- \;83$$

$$17.000 - 936$$

$$-238 + 5000$$

¿Por qué funciona esto?

Al restar números, todo lo que hacemos es encontrar la distancia entre ellos en una fila de números. Por ejemplo, **8 - 2 = 6** porque hay 6 unidades entre 2 y 8.

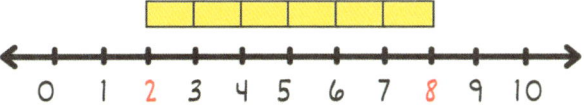

Si restamos 1 tanto del 8 como del 2, la expresión **8 - 2** se convierte en **7 - 1**. Sin embargo, la respuesta seguirá siendo 6 porque la distancia entre el 7 y el 1 es la misma que entre 8 y 2. Lo único que hicimos fue rebajarlo todo un 1.

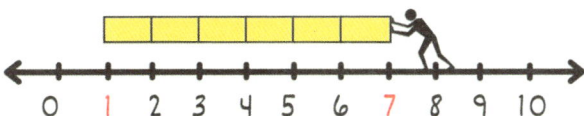

¿Cuánto le queda después de pagar impuestos?

Pongamos que gana un sueldo de 50.000 $ al año (¡no está mal!). Por desgracia, no puede quedarse con los 50.000 $ porque de esta cifra tiene que deducir los impuestos y la parte de la seguridad social que paga su empresa. Si esto asciende 16.724 $, ¿cuánto dinero se lleva a casa al final de año?

$$50000 - 1$$
$$-16724 - 1 \longrightarrow$$

$$49999$$
$$-16723$$
$$\overline{33276}$$

Se queda con un total de 33.276 $ en el bolsillo. ¿Le parece poco? Esta es la realidad de los impuestos, amigo mío, pero no se preocupe. Siempre puede encontrar maneras de aprovechar al máximo ese dinero que tanto le cuesta ganar.

○ ¿Restar sumando?

¿Cómo resolvería mentalmente una simple resta como 20 - 11?
El método más directo es empezar por el 20 y restar 11 para obtener 9.
Pero ¿sabía que existe otra forma de resolverlo? Podría empezar
por el 11 y contar 9 más para llegar al 20.

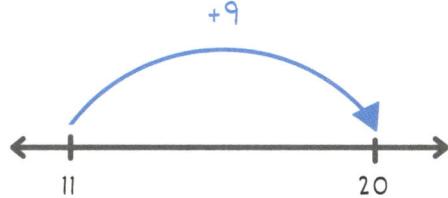

La resta trata sobre la distancia entre dos números. Para nosotros
es sencillo calcular la distancia entre 11 y 20 restando 20 - 11, pero qué
pasa con los números más grandes como 94 - 37 o 913 - 228?
No se preocupe, tengo un buen truco para usted.

94 - 37

Pasos

① Vamos a resolver **94 - 37** contando números. Empiece por el más
pequeño, el 37, y cuente hasta el siguiente número acabado en cero,
el 40.

$$37 + \; 3 \; = 40$$

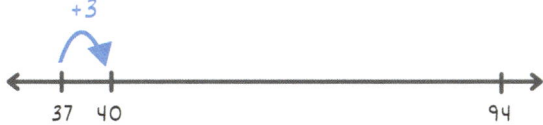

2 Empiece ahora una nueva fila a partir del 40. Contaremos de nuevo de forma ascendente pero en grupos de 10, hasta llegar al número acabado en cero que más se acerque al 94, que es el 90.

$$37 + 3 = 40$$
$$40 + 50 = 90$$

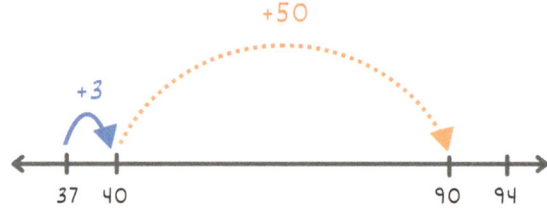

3 Empiece una nueva fila a partir del 90 hasta llegar al 94.

$$37 + 3 = 40$$
$$40 + 50 = 90$$
$$90 + 4 = 94$$

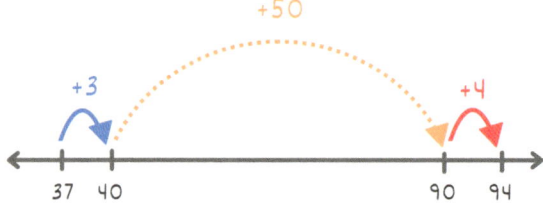

4 Esta es la parte divertida. Sume todos los números que ha ido añadiendo a cada fila y obtendrá la respuesta a *94 - 37*.

$$37 + 3 = 40$$
$$40 + 50 = 90$$
$$90 + 4 = 94$$

$$= 57$$

Práctica

52 - 17

1.234 - 321

3.920 - 1.242

¿Por qué funciona esto?

Restar 94 - 37 en un solo paso es un desafío para la mente. Al descomponer el problema en pequeñas restas (40 - 37, 90 - 40 y 94 - 90) el problema se vuelve más manejable. Es por ello que sumar grupos de 10, como del 40 al 90, es mucho más rápido que sumar cada número individualmente del 37 al 94.

Piense en ello de la forma siguiente: nunca iría andando de Nueva York a Boston, ¡tardaría tres días! Sería mucho más fácil hacer gran parte del camino en tren y andar únicamente hasta la estación de ferrocarril.

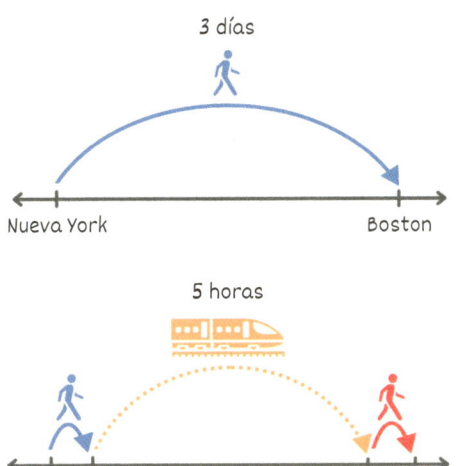

Pruebe esta técnica cuando se enfrente a restas de grandes números y verá que resultan mucho más fáciles.

¿Cuántas millas le quedan en un viaje por carretera?

Cuando empecé a trabajar para la NASA en Cabo Cañaveral, hice el viaje en mi coche desde Nueva York a Florida. En total eran 913 millas (1.496 km), así que hice paradas para descansar en Washington, D.C., y Charleston, Carolina del Sur. Si conduje 228 millas (367 km) desde Nueva York a Washington, D.C., ¿cuántas millas me quedaban para llegar a Cabo Cañaveral?

$$228 + 2 = 230$$
$$230 + 70 = 300$$
$$300 + 600 = 900$$
$$900 + 13 = 913$$
$$= 685$$

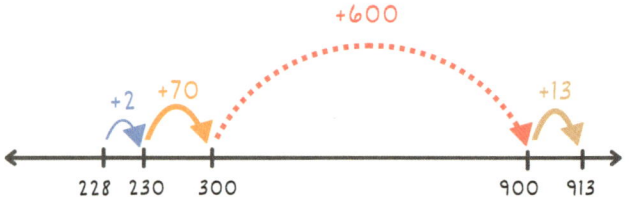

Una vez en Washington, D.C., todavía me quedaban 685 millas (1.102 km) hasta llegar a Cabo Cañaveral.

Domine el arte de la multiplicación

¿Es capaz de resolver mentalmente estas dos multiplicaciones de forma rápida?

$$9 \times 4 \qquad 14 \times 4$$

Como ha memorizado la tabla del 9, es fácil resolver 9 x 4 = 36. ¿Pero 14 x 4? No tiene por qué haber memorizado la tabla del 14; simplemente recuerde este concepto:

La multiplicación es solo una suma repetida.

Una vez haya integrado este concepto, podrá adaptar cualquier multiplicación para que resulte más fácil. Por ejemplo, si cada día gasto 4 $ en café, ¿cuánto gastaré en 2 semanas? Para saberlo, tiene que multiplicar 14 x 4.

$$14 \times 4$$

14 veces 4

4 + 4 + 4 + 4 + 4 + 4 + 4 + 4 + 4 + 4 + 4 + 4 + 4 + 4

En lugar de sumar 4 catorce veces, puede agrupar algunos cuatros y sumar los grupos. Por ejemplo, diez 4 juntos dan 40, y cuatro 4 juntos dan 16 (continúa en la página siguiente).

$$(4 + 4 + 4 + 4 + 4 + 4 + 4 + 4 + 4 + 4) + (4 + 4 + 4 + 4)$$

$$(10 \times 4) + (4 \times 4)$$

$$40 + 16$$

$$56$$

	10	4
4		

¿De qué otras formas puede descomponer 14 x 4 para multiplicarlo mentalmente?

$$(14 \times 2) + (14 \times 2)$$

$$28 + 28$$

$$56$$

	14
2	
2	

$$(4 \times 7) + (4 \times 7)$$

$$28 + 28$$

$$56$$

	7	7
4		

$$(2 \times 28)$$

$$56$$

	28
2	

La fiesta no acaba aquí, hay más formas de resolver 14 x 4. En este apartado descubrirá diez formas asombrosas de desglosar esas complicadas multiplicaciones y de resolverlas en segundos. Lo más importante es pasarlo bien y liberar su creatividad. Recuerde, un problema puede tener una sola respuesta, pero muchos caminos para llegar hasta ella.

Consejo de profesional: la palabra «de» significa multiplicar. Por ejemplo, el 20% de 50 significa 20% x 50, igual que dos tercios de 30 significa $\frac{2}{3}$ x 30. Si ha gastado una cuarta parte de un vale de regalo de 100 $, ha gastado $\frac{1}{4}$ x 100 $, que son 25 $.

○ ¿Multiplicar por 5? ¡Hágalo así!

Demos paso a nuestros trucos de multiplicación con el que creo que utilizará con mayor frecuencia. ¿Cómo multiplicaría 18 x **5** mentalmente? Así es como resolverlo, en menos tiempo del que puede decir "18 x **5**".

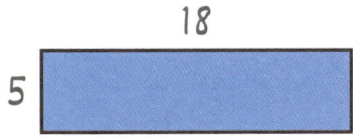

Pasos

① Divida por la mitad el número que multiplica por 5.

$$18 \div 2 = 9$$

② Multiplique el número resultante por 10, y ya lo tiene.

$$9 \times 10 = 90$$

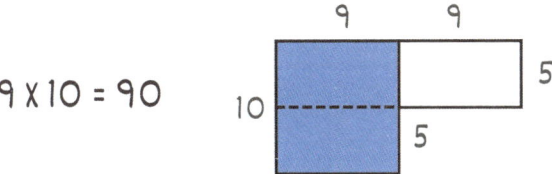

Puede emplear esta técnica para cualquier número multiplicado por 5. Créame, no dejará de utilizarla en el futuro, por lo útil que resulta.

Práctica

27 x 5

27 ÷ 2 = _____

_____ x 10 =

120 x 5

64 x 5

¿Por qué funciona esto?

Recuerde, los números más fáciles con los que trabajar mentalmente son el 0, 1, 2, 10 y 100. Como $5 = 10 : 2$, multiplicar un número por 5 es lo mismo que multiplicarlo por 10 y dividirlo por 2. Siempre será más fácil resolver el problema en dos pasos utilizando el 0, 1, 2, 10 y 100, que en un solo paso con números difíciles.

¿Cuántos días trabaja al año? ¡Vamos a averiguarlo!

Comprobemos este truco. Pongamos que trabaja todos los días laborales de 48 semanas al año. Para calcular el número de días que trabaja al año, divida primero 48 por 2 ($48 : 2 = 24$) y después multiplique 24 por 10 ($4 \times 10 = 240$). Usted trabaja un total de 240 días al año.

○ Este truco del 11 le dejará sin habla

¿Es capaz de calcular al instante *3* x 11 y *8* x 11? Seguro que sí, pero ¿y números más grandes, como *829* x 11 o *2.357* x 11? Si le tienta tomar una calculadora, aquí tiene un truco para multiplicarlos sin levantar un dedo.

$$72 \times 11$$

Pasos

1. Antes de empezar, esto es algo importante a tener en cuenta siempre que multiplique 11 por un número de dos cifras: puede dividir la respuesta en tres partes y resolverlas por separado. Lo primero que tiene que hacer es copiar el primer dígito del número multiplicado por 11 en la respuesta. Aquí, el primer dígito de 72 es 7, así que cópielo.

$$72 \times 11 = 7 \_ \_$$

2. A continuación, copie el segundo dígito al final de su respuesta. En este caso, el segundo dígito de 72 es 2.

$$72 \times 11 = 7 \_ 2$$

3. Por último, sume el primero y el último dígito de su respuesta para obtener el del medio.

$$72 \times 11 = 7\underline{9}2$$

$$7 + 2 = 9$$

Este truco funciona para cualquier número de dos cifras, pero si la suma de la cifra central da más de 9, tendrá que llevar un número hacia el lugar de las decenas. Esto es lo que quiero decir: observe la multiplicación de **85 x 11**. Primero copiamos el primer dígito (8), después el último (5) y, al final, los sumamos para obtener el del medio (**8 +5 = 13**). Sin embargo, como 13 es mayor que 9, tendrá que llevarse 1 hacia el espacio de las centenas. Esto hará que el 8 pase a ser un 9 y su nueva respuesta será 935 (no 835 ni 8.135).

$$85 \times 11 = \overset{+1}{8\underline{3}\underline{5}} = 9\,3\,5$$

$$8 + 5 = 13$$

¿Qué pasa si multiplica 11 por un número de tres cifras? Puede utilizar la misma técnica.

527 X 11

Pasos

(1) Al multiplicar un número de tres cifras por 11, puede dividir la respuesta en cuatro partes y resolverlas por separado. Como antes, copie el primer dígito del número que multiplica por 11 en la respuesta.

$$527 \times 11 = \underline{5}\ \underline{\ }\ \underline{\ }\ \underline{\ }$$

(2) A continuación, copie el último dígito.

$$527 \times 11 = \underline{5}\ \underline{\ }\ \underline{\ }\ \underline{7}$$

(3) Ahora hay que encontrar los números intermedios. Para el segundo dígito, simplemente sume el primero y el segundo del número original.

$$527 \times 11 = \underline{5}\ \underline{7}\ \underline{\ }\ \underline{7}$$

$$5 + 2 = 7$$

Para hallar la respuesta al tercer dígito, sume el segundo y el tercero del número original.

$$5\underline{2}\underline{7} \times 11 = \underline{5}\,\underline{7}\,\underline{9}\,\underline{7}$$

$$2 + 7 = 9$$

Fantástico, ¿no cree? Puede emplear esta técnica para multiplicar por 11 un número de cuatro cifras, de cinco o incluso de veinte. Todo lo que tiene que hacer es copiar el primer dígito, después el segundo y seguir sumando cada dígito consecutivo hasta obtener la respuesta para los números intermedios.

Práctica

$$53 \times 11 = \_\_ \qquad 86 \times 11 = \_\_ \qquad 7253 \times 11 = \_\_\_\_$$

¿Por qué funciona esto?

El razonamiento para este truco es sencillo. En primer lugar, estará de acuerdo en que podemos descomponer 11 en **10 + 1**. Si ahora multiplicamos **23 x 11**, podemos desglosar el problema en **(23 x 10) + (23 x 1)**, lo que lo simplifica en **230 + 23**. Ahora vemos que el primer dígito seguirá siendo 2, el último 3 y el del medio será **2 + 3**.

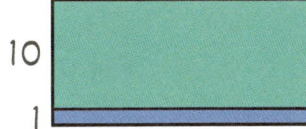

Presupuesto para el hotel del viaje de sus sueños

Ha estado soñando con tomarse unas largas vacaciones veraniegas en Italia y por fin esto se hará realidad. Su viaje durará 11 días y el coste medio de una habitación de hotel es de 154 $ por noche. ¿Cuánto debe calcular para los gastos de hotel de todo viaje? Todo lo que tiene que hacer es multiplicar el coste medio de 154 $ por el número de noches (154 x 11).

Empleando el truco de este capítulo, puede resolver el cálculo en 4 fáciles pasos. Primero, copie el primer dígito de 154.

$$154 \times 11 = \underline{1}\ \underline{}\ \underline{}$$

A continuación, copie el último dígito de 154.

$$154 \times 11 = \underline{1}\ \underline{}\ \underline{4}$$

Para el segundo dígito de la respuesta, sume el primero (1) y el segundo (5) de 154.

$$154 \times 11 = \underline{16}\ \underline{}\ \underline{4}$$

$$1 + 5 = 6$$

Para la respuesta del tercer dígito, sume el segundo (5) y el tercero (4) de 154.

$$154 \times 11 = \underline{1694}$$

$$5 + 4 = 9$$

¡Aquí lo tiene! El coste total del alojamiento para sus vacaciones de 11 días en Italia será de 1.694 $. ¡Es hora de empezar a ahorrar para este emocionante viaje!

¿11 x 11? ¿Qué le parece 11111111 x 11111111?

Ya que hablamos del número 11, permítame mostrarle un patrón fascinante antes de pasar al siguiente truco de multiplicación. ¿Ha visto lo que pasa cuando multiplica números cuyos dígitos son todo 1? La respuesta empezará y acabará con un 1, pero la verdadera magia ocurre en el interior.

Los dígitos de la respuesta seguirán el orden de 1 hasta un número concreto y luego descenderán hasta el 1. ¿Qué importancia cree que tiene este número en particular? Es el número de dígitos de los dos que está multiplicando. Existe algo visualmente satisfactorio en esta pirámide de números perfectamente simétrica, ¿no cree?

$$1 \times 1 = 1$$
$$11 \times 11 = 121$$
$$111 \times 111 = 12321$$
$$1111 \times 1111 = 1234321$$
$$11111 \times 11111 = 123454321$$
$$111111 \times 111111 = 12345654321$$
$$1111111 \times 1111111 = 1234567654321$$
$$11111111 \times 11111111 = 123456787654321$$
$$111111111 \times 111111111 = 12345678987654321$$

Multiplique del 11 al 19 incluso dormido

¿Le gusta escuchar música mientras trabaja? Yo siempre me pongo los auriculares y escucho canciones en Spotify para mantenerme motivada y centrada. ¡Pero eso no sale barato! Pago 12,99 $ al mes de suscripción (redondeémoslo a 13 $). La pregunta es: ¿cuánto pago al año?

¿Cómo calcularía **13 $ x 12** mentalmente? Tengo un pequeño truco que hace que multiplicar dos números cualquiera entre 11 y 19 resulte facilísimo. ¿Listo para probar?

$$13 \times 12 =$$

Pasos

1. Siempre que multiplique dos números entre 11 y 19, la respuesta se compondrá de tres dígitos.

$$13 \times 12 = \_\_\_$$

(2) En este paso hallaremos los dos primeros dígitos de la respuesta (los del lugar de las centenas y las decenas). Primero elija uno de los números y súmelo a la cifra de las unidades. Por ejemplo, para **13 x 12** puede elegir el 2 del 12 y sumarlo al 13, o el 3 del 13 y sumarlo al 12. En ambos casos, la suma dará 15, que serán los dos primeros dígitos de su respuesta.

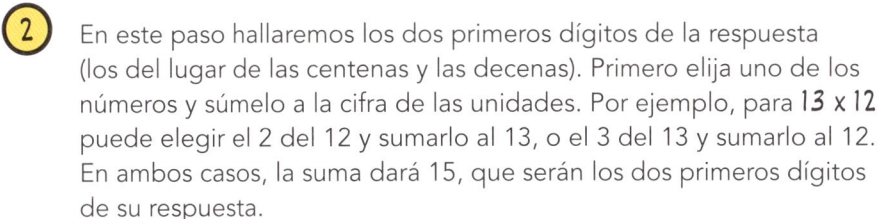

$$13 \times 12 \quad \text{or} \quad 13 \times 12 \quad = \quad \underline{1}\,\underline{5}\,\underline{}$$

(3) A continuación, encuentre el tercer dígito de la respuesta. Para ello, multiplique los dígitos del espacio de las unidades de ambos números. Esto significa que gasto **13 $ x 12 = 156 $** al año en mi suscripción musical.

$$13 \times 12 = \underline{1}\,\underline{5}\,\underline{6}$$

$$\uparrow$$
$$3 \times 2$$

Fácil, ¿no le parece? Sin embargo, si la respuesta del tercer dígito suma 10 o más, necesitará un paso más en el que tendrá que llevarse algún número. Lo veremos en el ejemplo siguiente.

$$12 \times 16 = \underline{}\,\underline{}\,\underline{}$$

● ●

Pasos

(1) Igual que antes, resuelva primero los dos primeros dígitos. Elija un número y multiplíquelo por el de las unidades del otro número.

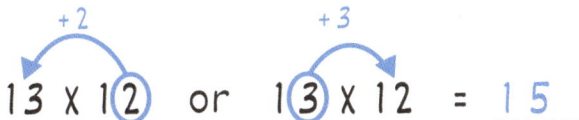

$$12 \times 16 \quad \text{or} \quad 12 \times 16 \quad = \quad \underline{1}\,\underline{8}\,\underline{}$$

A continuación, encuentre el tercer dígito de la respuesta multiplicando los de las unidades. Como **6 x 2 = 12**, y 12 es mayor que 9, tendrá que llevarse el 1 del 12 al lugar de las decenas de la respuesta.

$$16 \times 12 = \underline{1\,8}\,\underline{2}$$

$$6 \times 2 = 12$$

③ Sume el 1 que se lleva con el número en ese valor posicional para obtener la respuesta final de 192.

$$16 \times 12 = \underline{1\,9\,2}$$

Práctica

14 x 15

13 x 18

17 x 19

¿Por qué funciona esto?

Examinemos nuestro primer ejemplo: **13 x 12**. Antes de seguir adelante, vamos a descomponer los números en sus valores posicionales (**13 = 10 + 3** y **12 = 10 + 2**). Para resolver **13 x 12** podemos multiplicar sus valores posicionales y sumarlos: **13 x 12 = (10 + 3)(10 + 2) = (10 x 10) + (10 x 3) + (10 x 2) + (3 x 2)**.

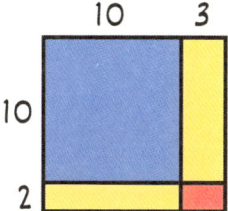

¿Qué relación tiene esto con el truco? En el primer paso cogimos el dígito de las unidades de un número y lo sumamos al otro número. Lo que hicimos aquí fue multiplicar todos los dígitos de las decenas y de las unidades del 13 y del 12: **(10 x 10) + (10 x 3) + (10 x 2)**.

En el segundo paso, sumamos sumamos la pieza final del puzle y multiplicamos los dígitos de las unidades (**3 x 2**).

● ¿Dos unidades de separación? ¡Muy fácil!

Cuando multplica dos números que solo tienen una separación de dos unidades, ocurre algo singular y asombroso. Si está familiarizado con el concepto de *diferencia de cuadrados*, ya tendrá una idea de lo que pasará. Si no, ¡le espera una agradable sorpresa!

$$101 \times 99$$

Pasos

1 Halle el número entre los dos que está multiplicando. En nuestro ejemplo, es el 100 el que se encuentra entre el 101 y el 99.

$$99...100...101$$
$$\uparrow$$

2 Calcule el cuadrado de ese número.

$$100^2 = 10.000$$

3 Por último, reste 1 para encontrar su respuesta.

$$10.000 - 1 = 9.999$$

Increíble, ¿no? Este truco funciona con cualquier par de números que estén separados por dos unidades, pero tiene sus limitaciones. Pongamos por ejemplo 77 x 79. Con este truco, encontraremos el número que se encuentra entre los dos (78), calcularemos el cuadrado (78^2) y restaremos 1 ($78^2 - 1$). Pero ¿sabe hallar el cuadrado de 78 mentalmente? ¡Yo no! Es por ello que este truco funciona mejor cuando sus dos números dan otro cuyo cuadrado puede hallar fácilmente, por ejemplo, los múltiplos de 10 (20, 30, 40, 100, 200, 300, etc.). De ese modo, es fácil visualizar la respuesta y ahorrarse un poco de gimnasia mental.

Práctica

13 x 11

79 x 81

301 x 299

¿Por qué funciona esto?

Multipliquemos dos números fáciles, como 9 x 7. ¿Estaría de acuerdo en que 9 equivale a (*8* + 1) y 7 a (*8* - 1)? Entonces, 9 x 7 es igual a (*8* + 1) (*8* - 1). Ahora voy a demostrarle cómo (*8* + 1)(*8* - 1) = 8^2 - 1^2 = 8^2 - 1 con un poco de álgebra y geometría. Representaremos el 8 como «a» y el 1 como «b» para demostrar que (a + b) (a - b) = (a^2 - b^2). Primero, dibuje un cuadrado cuyos lados tengan una longitud «a». El área del cuadrado es a^2.

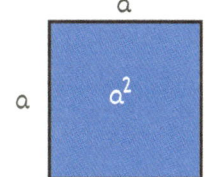

Para obtener (a^2 - b^2), recortemos un trocito (b^2) del primer cuadrado grande (a^2).

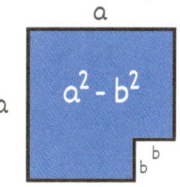

Ahora, este cuadrado parece triste. ¿Cómo podría dividirlo y mover piezas a su alrededor para que vuelva a recobrar su buen aspecto? Pues podría recortar una parte del fondo y pegarla a un lado. ¿Y cuál es el área de este nuevo rectángulo? Es (a + b)(a - b).

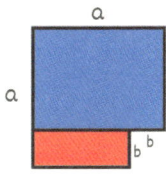
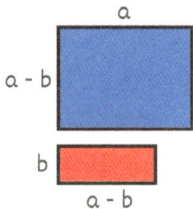
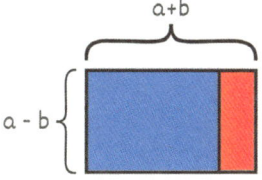

¿Ha comprado la alfombra del tamaño correcto?

Digamos que dispone de un espacio ajustado, más o menos cuadrado, con un área de unas 3.000 pulgadas cuadradas (19.354,8 cm^2). Se va de compras y se enamora de una alfombra que mide 49 x 51 pulgadas (124,5 x 129,5 cm), con fleco en ambos extremos. Haciendo un cálculo rápido, ¿cabrá la alfombra en el espacio del que dispone?

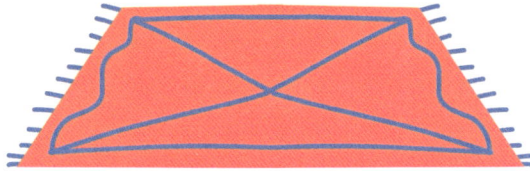

Para resolverlo, multipliquemos 49 x 51 pulgadas.

$$49 \times 51 = 50^2 - 1 = 2.499$$

Esto significa que su alfombra mide 2.499 pulgadas cuadradas (16.122,75 cm^2) y que cabrá perfectamente en su espacio.

La coincidencia del 7-11-13

¿Es capaz de adivinar lo que pasa cuando multiplica un número de tres dígitos por 7, 11 y 13? Yo lo llamo la coincidencia del 7-11-13, pero ¿es solo una coincidencia? Vamos a descubrirlo.

Pasos

1 Escoja un número cualquiera de tres dígitos. En este caso, el 238.

$$238$$

2 Tome otro número y multiplíquelo por 7, después por 11 y luego por 13. Como por arte de magia, su número se convertirá en una cifra de seis dígitos con los tres primeros repetidos.

$$238 \times 7 \times 11 \times 13 = 238238$$

Asombroso, ¿no cree? Veamos otros ejemplos.

$$956 \times 7 \times 11 \times 13 = 956956$$

$$123 \times 7 \times 11 \times 13 = 123123$$

$$700 \times 7 \times 11 \times 13 = 700700$$

¿Por qué funciona esto?

Aunque a primera vista este patrón puede parecer aleatorio, existe una clara explicación para ello. Piense por un momento en lo que ocurre al multiplicar **7 x 11 x 13**. El resultado es 1.001. Y aquí está el truco: siempre que multiplica un número de tres cifras por 1.001, sus dígitos se repiten con el formato **abc x 1.001 = abc.abc**.

Pero ¿por qué? Descompongamos 1.001 en sus valores posicionales (**1.001 = 1.000 + 1**). Multiplicar un número como 238 por 1.001, es como multiplicar **(238 x 1.000) + (238 x 1)**, lo que da 238.238. La coincidencia del 7-11-13 ¡ya no es una coincidencia!

$$238 \times 7 \times 11 \times 13$$
$$= 238 \times 1001$$
$$= (238 \times 1000) + (238 \times 1)$$
$$= 238.000 + 238$$
$$= 238238$$

Aquí tiene algo extra. ¿Está listo para descubrir un patrón similar que funciona para los números de dos y cuatro dígitos? Pruebe a multiplicar números de dos cifras por 101 (**ab x 101 = abab**) y de cuatro cifras por 10.001 (**abcd x 10.001 = abcdabcd**).

$$52 \times 101 \qquad\qquad 3579 \times 10001$$
$$= (52 \times 100) + (52 \times 1) \qquad = (3579 \times 10000) + (3579 \times 1)$$
$$= 5200 + 52 \qquad\qquad = 35790000 + 3579$$
$$= 5252 \qquad\qquad\qquad = 35793579$$

Pero no se lo crea solo porque yo lo digo. Elija unos cuantos números y compruébelo usted mismo. Se asombrará al ver lo fácil que es reproducir este patrón.

○ Arcoíris de multiplicaciones de dos dígitos

Hace diez años, mi mentor me enseñó esta forma rápida de multiplicar números de dos dígitos, y desde entonces la he tenido siempre presente en mi carrera de ingeniera. Empecemos con números fáciles de dos dígitos y después iremos hacia otros más grandes, donde puede que tengamos que llevarnos algún número. Con algo de práctica, pronto será capaz de multiplicar cualquier número de dos dígitos que se cruce en su camino

$$31 \times 12$$

Pasos

1 En primer lugar, multiplique las dos primeras cifras de cada número (**3** x 1 = **3**). Esta será la primera parte de su respuesta.

$$\underline{3}1 \times \underline{1}2 = \quad 3$$

2 A continuación, deje un espacio en la respuesta (será para el dígito intermedio) y pase a la última cifra. Para calcularla, simplemente multiplique los dos últimos dígitos de cada número (**1 x 2 = 2**).

$$3\underline{1} \times 1\underline{2} = \quad 3 \underline{} 2$$

3 Le toca el turno al dígito intermedio. Aquí es donde dibujaremos un arcoíris. Primero multiplique los dos dígitos interiores (el último dígito del primer número por el primero del segundo número).

$$3\,1 \overset{\frown}{\times} 1\,2 = \quad 3 \underline{} 2$$

$$1 \times 1 = 1$$

A continuación, multiplique los dígitos exteriores (el primer dígito del primer número y el segundo dígito del segundo número).

$$31 \times 12 = 3\_2$$

$$1 \times 1 = 1$$
$$3 \times 2 = 6$$

 Ahora sume los números de los pasos 3 y 4 para hallar la respuesta al dígito intermedio: $1 + 6 = 7$, por lo que $31 \times 12 = 372$.

$$31 \times 12 = 3\,7\,2$$
$$\uparrow$$
$$1 + 6$$

Sencillo, ¿no cree? Si la cifra del medio suma 10 o más en el paso 4, tendrá que seguir un paso más para llevarse el dígito de las decenas. Probemos con un ejemplo. Pongamos que da clase de refuerzo de matemáticas a niños para ganar un poco de dinero extra. Si cobra 52 $ por hora y enseña 81 horas al año, ¿cuánto gana en total?

$$81 \times 52$$

Pasos

 Como en el primer ejemplo, multiplique los dos primeros dígitos de cada número ($8 \times 5 = 40$).

$$\underline{8}1 \times \underline{5}2 = 40$$

2 Luego, deje un espacio para la cifra central y calcule el último dígito multiplicando los dos últimos de cada número (1 x 2 = 2).

$$8\underline{1} \times 5\underline{2} = 40\_2$$

3 Ahora dibuje los arcoíris. Primero multiplique los dígitos interiores.

$$81 \times 52 = 40\_2$$

1 x 5 = 5

4 A continuación, multiplique los dígitos exteriores.

$$81 \times 52 = 40\_2$$

1 x 5 = 5

8 x 2 = 16

5 Ahora sume esos dos números (5 + 16 = 21). Como 21 es mayor que 9, tendremos que introducir el dígito de las unidades (el 1 de 21) en el dígito intermedio de nuestra respuesta y llevar el dígito de las decenas (el 2 de 21) a la izquierda.

$$81 \times 52 = 40\underline{1}2$$

+2

5 + 16 = 21

6 Si añadimos 2 al 0, obtenemos nuestra respuesta final de 4.212. Esto significa que si cobra 52 $ por hora por clase, y enseña un total de 81 horas, ganará 4.212 $.

$$81 \times 52 = 4212$$

Práctica

$$13 \times 21 \qquad 42 \times 14 \qquad 95 \times 72$$

¿Por qué funciona esto?

Vamos a desglosar nuestro primer ejemplo, **31 x 12**. Si creamos un rectángulo de 31 unidades por 12 unidades, ¿cuál es el área total (**31 x 12**)?

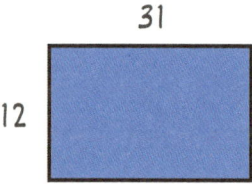

La mejor manera de resolverlo es dividir el rectángulo en trocitos, hallando el área de cada pieza y después sumándolas. Puede partir el rectángulo de muchas formas, pero una buena es separar el 31 y el 12 en sus valores posicionales (**31 = 30 + 1** y **12 = 10 + 2**).

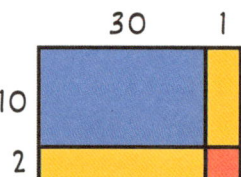

Calculando el área de los rectángulos pequeños y sumándolos obtenemos nuestra respuesta: 372. El rectángulo azul representa 300 del 372, el rojo el 2 del 372 y los dos amarillos juntos dan el 70 de 372.

$$31 \times 12 = 300 + 60 + 10 + 2 = 372$$

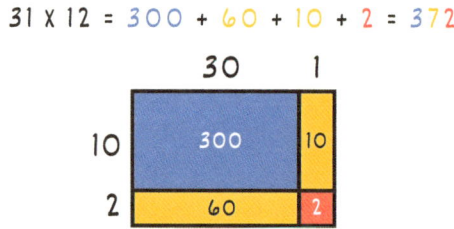

Multiplicación fácil de tres dígitos

¿Ha jugado alguna vez al bádminton? Yo tengo buenos recuerdos de jugar todos los días cuando de niña vivía en Singapur. Es un juego divertido y emocionante, en el que gana la primera persona que marca 21 puntos. Si se toma el bádminton más en serio, empezará a clasificarse por el número de puntos conseguidos a lo largo de su vida. Digamos que un jugador gana 312 juegos, ¡lo que es un gran triunfo! Asumiendo que no haya empates, ¿cuál sería su clasificación en puntos? Vamos a descubrirlo.

$$312 \times 21$$

Lo resolveremos dibujando arcoíris.

Pasos

① Primero multiplique las dos primeras cifras de cada número (**3 x 2 = 6**). Esta será la primera parte de su respuesta.

$$\underline{3}12 \times \underline{2}1 = 6$$

② A continuación, deje dos espacios en la respuesta (donde irán las dos cifras intermedias) y pase al último dígito. Para calcularlo, simplemente multiplique los dos últimos dígitos de cada número (**2 x 1 = 2**).

$$31\underline{2} \times 2\underline{1} = 6\_\_2$$

3 Hallemos el lugar de las decenas. Dibuje un arcoíris que multiplique el dígito de las unidades del número de tres cifras por el de las decenas del número de dos cifras (**2 x 2 = 4**), y el dígito de las decenas del número de tres cifras por el dígito de las unidades del número de dos cifras (**1 x 1 = 1**). Súmelos para hallar la respuesta al lugar de las decenas (**4 + 1 = 5**).

$$3 1 2 \times 2 1 = 6 \underline{5} 2$$

$$2 \times 2 = 4$$
$$1 \times 1 = 1$$

$$4 + 1 = 5$$

4 Ahora, la respuesta del lugar de las centenas. Esta vez dibuje un arcoíris debajo de los números, multiplicando el dígito de las decenas del número de tres cifras por el dígito de las decenas del número de dos cifras (**1 x 2 = 2**) y el dígito de las centenas del número de tres cifras por el dígito de las unidades del número de dos cifras (**3 x 1 = 3**). Sumando estos dos obtenemos la respuesta para el lugar de las centenas: (**3 + 2 = 5**). Con ello, ha resuelto **312 x 21 = 6.552**. Esto significa que un jugador que gane 312 juegos sin ningún empate, habrá marcado un total de 6.552 puntos.

$$3 1 2 \times 2 1 = 6 \underline{5} \underline{5} 2$$

$$1 \times 2 = 2$$
$$3 \times 1 = 3$$

$$3 + 2 = 5$$

No está nada mal, ¿no? De modo similar al ejercicio anterior, si cualquiera de sus dígitos es un 10 o más, tendrá que llevarse el espacio de las decenas al siguiente dígito a la izquierda de su respuesta.

Práctica

121 x 31   821 x 23   458 x 72

¿Por qué funciona esto?

Podemos representar el producto de **312 x 12** como el área de un rectángulo. Pero ¿cómo hallaría el área?

312

21

La mejor forma de resolverlo es dividiendo el rectángulo en trocitos, calculando las áreas de cada trocito y sumándolas. Existen muchas maneras de dividir un rectángulo, pero una forma excelente es descomponer 312 y 21 en sus valores posicionales (**312 = 300 + 10 + 2** y **21 = 20 + 1**).

312 X 21 = 6.000 + 300 + 200 + 40 + 10 + 2

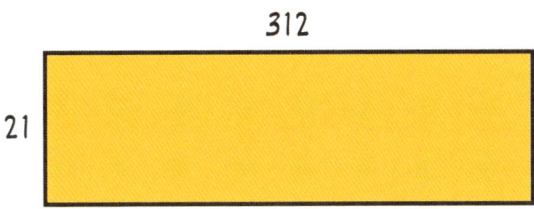

Calculando el área de los rectángulos pequeños y sumándolos, obtenemos nuestra respuesta de 6.552.

312 X 21 = 6.000 + 300 + 200 + 40 + 10 + 2 = 6.552

¿Números grandes? ¡Cuente globos!

Multiplicar grandes números puede ser una tarea difícil, pero si acaban en cero, está de suerte. Recuerde: ¡cuente globos y no los suelte!

11000 X 700

Pasos

(1) Multiplique los dígitos frente a los ceros.

$$11000 \times 700 = 77$$

(2) Cuente los ceros del problema.

$$11\underline{000} \times 7\underline{00} = 77$$
$$1\,2\,34\,5$$

(3) Añada el mismo número de ceros a su respuesta y ¡listo!

$$11\underline{000} \times 7\underline{00} = 77\underline{00000}$$
$$1\,2\,34\,51\,2\,3\,4\,5$$

Imagínese que cada cero es un globo, listo para salir volando. Mientras trabaja con el problema, no pierda de vista su colección de globos. Asegúrese de que ninguno se escapa, sujételos con fuerza.

$$11\,\textcircled{1}\,\textcircled{2}\,\textcircled{3} \times 7\,\textcircled{4}\,\textcircled{5} = 77\,\textcircled{1}\,\textcircled{2}\,\textcircled{3}\,\textcircled{4}\,\textcircled{5}$$

Práctica

¿Cuántos ceros tendrá al final la respuesta a **20 x 10.100**?

10.300 x 20

2.000 x 40 x 700

¿Por qué funciona esto?

Un número se vuelve diez veces más grande con cada cero que añadimos al final. Por ejemplo, 700 es diez veces mayor que 70, y 70 es diez veces mayor que 7. Si multiplicamos **3 x 2** obtenemos 6. Si multiplicamos **30 x 2**, obtenemos 60 (que es diez veces mayor que **3 x 2**). Y si multiplicamos **300 x 2** obtenemos 600 (que es cien veces mayor que **3 x 2**). ¿Ve cómo funciona? El tema son los ceros del final del número.

Una guía para calcular sus ingresos

Para cualquier propietario de un negocio, presente o futuro, aquí tiene una forma fácil de calcular aproximadamente sus ingresos. Pongamos que posee un negocio de embotellar agua y que el último año vendió 7.982 botellas a 31 $ cada una. ¿Cuánto ganó? En lugar de recurrir a la calculadora, podemos hacer un cálculo aproximado rápido. Empiece redondeando los números: 7.982 a 8.000 y 31 $ a 30 $. A continuación, multiplique 8.000 por 30 $ para obtener 240.000 $. No es exactamente el importe real de 247.442 $, pero sí una buena aproximación. Y solo necesitó unos segundos para ello.

$$8000 \times 30 = 240000$$

⊙ Ante la duda, dibuje una caja

Si ha escrito todas sus multiplicaciones de esta forma...

$$213$$
$$\times 72$$

... entonces es hora de probar con el *método de la caja*. Este sistema se aleja del procedimiento tradicional y se basa en la descomposición de los números y en pasarlo bien con ellos. Es por esta razón que escuelas de todo el mundo enseñan ahora este método, así que ¡vamos a examinarlo!

213 X 72

Pasos

1 Lo primero que hará es dibujar una caja cuyo tamaño dependerá de cuántos dígitos tienen los números que está multiplicando. Como el 213 consta de tres dígitos y el 72 de dos, su caja tendrá dos filas y tres columnas (o tres filas y dos columnas, pero a mí me gusta más dibujar las cajas en horizontal).

213 X 72

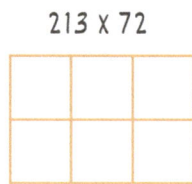

Estos son unos cuantos ejemplos más de otros números multiplicados y sus cajas. Recuerde, el número de dígitos de cada número será igual al número de hileras o columnas.

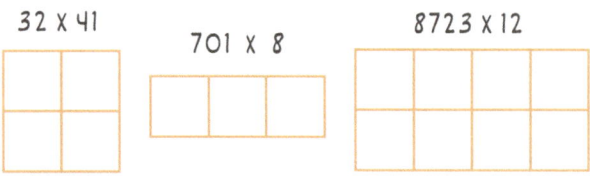

32 X 41   701 X 8   8723 X 12

2 Volviendo a nuestro ejemplo, descompongamos los números según sus valores posicionales. Por ejemplo, **213 = 200 + 10 + 3**, y **72 = 70 + 2**.

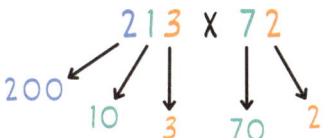

3 Ahora escriba estos nuevos números alrededor de su caja. Asegúrese de alinear bien el número correcto de dígitos de cada fila y columna (200, 10 y 3 seguirán el lado de los tres bloques, y 70 y 2 el de los dos bloques).

4 Multiplique los números alrededor de cada bloque. Para multiplicar números grandes acabados en cero (por ejemplo **70 x 200**), simplemente multiplique los dígitos anteriores a los ceros (**7 x 2 = 14**) y luego añada el mismo número de ceros en la respuesta (como 70 y 200 tienen un total de tres ceros, añada tres ceros después del 14 para obtener 14.000). Para aprender más sobre esta técnica, compruebe el apartado «¿Números grandes?» (pág. 92). ¡Cuente globos!

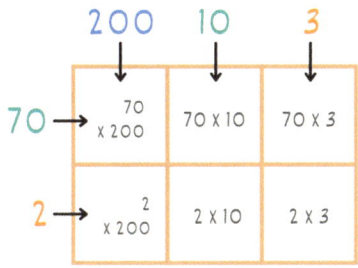

	200	10	3
70	14.000	700	210
2	400	20	6

5 Por último, sume todos los números del interior de la caja y obtendrá la respuesta: $213 \times 72 = 14.000 + 700 + 400 + 210 + 20 + 6 = 15.336$.

$$
\begin{array}{r}
14000 \\
700 \\
400 \\
+ \quad 210 \\
20 \\
6 \\
\hline
15.336
\end{array}
$$

Podría estar preguntándose: «Pasamos de multiplicar dos números a sumar cinco. ¿Por qué se considera eso un atajo?». Cierre los ojos un momento e intente multiplicar mentalmente 213×72. No es fácil, ¿verdad? Pero si le pido que empiece por 14.000 y después sume 700, después 400, 210, 20 y 6, será capaz de calcular cada paso sin problema. Aunque hay más pasos, sigue siendo más fácil para nuestra mente procesar seis pasos fáciles que dar un gran salto.

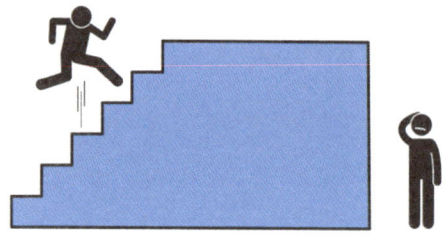

Práctica

Dibuje la caja para: 362×12.803

27×8.130

123×123

¿Por qué funciona esto?

El método de la caja es una forma fantástica de multiplicar dos números, y muchas escuelas lo enseñan en lugar del sistema tradicional. Esto es porque explica de verdad por qué funciona la multiplicación. Todo lo que hacemos es descomponer los números según sus valores posicionales, multiplicándolos todos juntos y después sumando los productos parciales. Es una forma excelente de multiplicar números, tanto si los escribe como si los calcula mentalmente, porque es un método que desglosa el problema en partes manejables con las que resulta fácil trabajar.

¿Qué distancia ha recorrido?

Cada vez que emprende un viaje, ya sea en bicicleta, coche, barco o avión, puede calcular fácilmente la distancia recorrida si conoce la velocidad de desplazamiento y la duración del viaje. Por ejemplo, cuando acudí al acto de graduación de mi hermana en Washington, D.C., viajé en avión a una velocidad media de 530 millas por hora (853 km/h), durante 4 horas. ¿Qué distancia recorrí? Podemos calcularlo rápidamente multiplicando la velocidad (530 millas p/h) por la duración del viaje (4 horas) mediante el método de la caja.

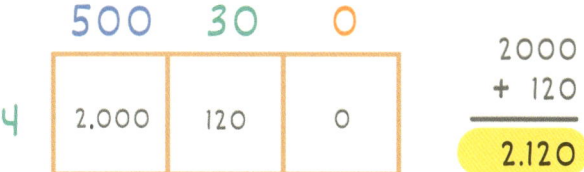

Tras viajar 4 horas a una velocidad media de 530 millas p/h, recorrí una distancia total de 2.120 millas (3.412 km).

¿Cansado de multiplicar? ¡Use líneas!

¿Listo para un cambio de escena después de tantos números? Vamos a tomarnos un descanso y a refrescar la mente con este creativo truco. Voy a mostrarle cómo multiplicar números de una forma totalmente diferente, ¡por medio de líneas!

13 X 21

Pasos

1 En los siguientes pasos dibujaremos un conjunto de líneas para cada dígito de nuestra multiplicación. El primero de **13 x 21** es 1, así que dibujamos una línea en un ángulo de 45 grados que va desde la parte inferior izquierda hacia la superior derecha.

13 X 21

2 El siguiente dígito de **13 x 21** es 3, por lo que esta vez dibujaremos 3 líneas paralelas a la línea anterior, pero desplazadas hacia la parte inferior derecha.

13 X 21

3 El tercer dígito de **13 x 21** es 2. Dibujaremos 2 líneas, esta vez perpendiculares a las anteriores. Recuerde, las líneas del mismo número son todas paralelas, pero las de números diferentes son perpendiculares unas a otras.

13 X 21

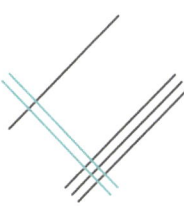

4 El último dígito de **13 x 21** es 1, por lo que cerraremos con 1 línea paralela a las 2 últimas que dibujamos. Debería tener un cuadrado girado 45 grados, con líneas adicionales a cada lado.

13 X 21

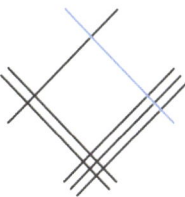

5 Aquí es donde las cosas se ponen interesantes. ¿Ve dónde se cruzan las líneas? Dibujaremos 3 formas estrechas y redondeadas para dividirlas en 3 secciones: derecha, intermedia e izquierda.

13 X 21

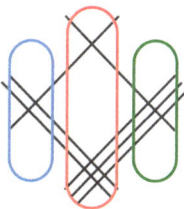

6 Empezando por la forma de la derecha, cuente el número el número de veces que las líneas se intersecan en su interior. Yo cuento 3 intersecciones de líneas, por lo que escribo un 3 debajo de la forma.

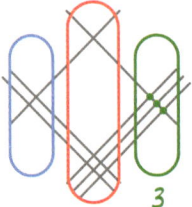

7 Pasando a la izquierda, cuente el número de intersecciones de líneas en la forma central.

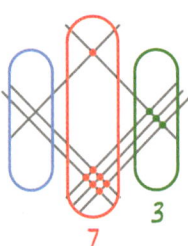

8 Por último, cuente el número de veces que las líneas se intersecan en la forma de la izquierda.

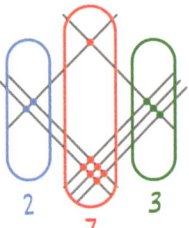

9 Combine ahora los tres números que escribió de izquierda a derecha y obtendrá la respuesta final.

$$13 \times 21 = 273$$

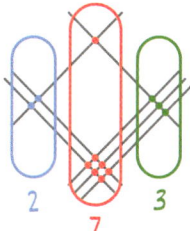

Asombroso, ¿no le parece? Este truco funciona para cualquier número de dos cifras, pero si tiene 10 o más intersecciones de líneas en la forma central o derecha, precisará un paso extra para hallar la respuesta. Pongamos que multiplica **51 x 32**. Ya ha dibujado sus líneas y sus formas y ahora está contando las intersecciones: hay 13 en la forma central.

$$51 \times 32$$

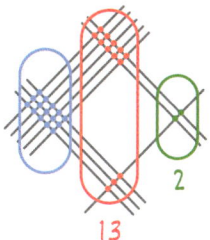

Como 13 es mayor que 9, tendrá que hacer lo siguiente: mantenga el 3 en su lugar pero llévese el 1 al lugar de las decenas de la forma de la izquierda.

$$51 \times 32$$

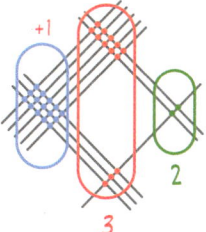

Cuente las intersecciones como haría para la forma de la izquierda, pero añada el 1 del 13 a la cuenta final. Hay 15 intersecciones, más el 1 anterior, por lo que anotará 16. Como no quedan más formas a la izquierda, no tiene que llevarse más números.

51 X 32

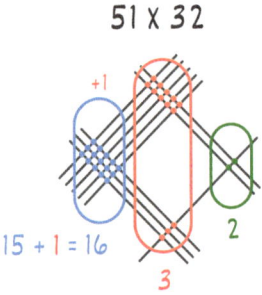

Combine ahora todos los números de izquierda a derecha para hallar la respuesta.

51 X 32 = 1632

Práctica

62 x 13

132 x 21

122 x 122

¿Por qué funciona esto?

Esto puede parecer magia matemática, pero la explicación es simple: el número de intersecciones de las líneas que cuenta siempre será igual al producto del número de líneas que se intersecan. Por ejemplo, si tenemos 5 líneas cruzándose con otras 8, obtendremos 40 intersecciones porque $5 \times 8 = 40$.

Volviendo a nuestro primer ejemplo, todo lo que hacemos es multiplicar primero los dígitos de las decenas de 13 y 21 para encontrar la respuesta del valor posicional de las centenas.

$$1\underline{3} \times \underline{2}1 = \quad 2$$

A continuación, multiplicamos los dígitos de las unidades para hallar la respuesta al valor posicional de las unidades.

$$1\underline{3} \times 2\underline{1} = \quad 2 \underline{\quad} 3$$

Por último, multiplicamos los dígitos interiores y exteriores y sumamos sus productos para obtener la respuesta del valor posicional de las decenas. Para saber más sobre cómo lo hicimos, consulte el apartado «Arcoíris de multiplicaciones de dos dígitos» (pág. 85).

$$13 \times 21 = 2\,7\,3$$
$$\uparrow$$
$$3 \times 2 + 1 \times 1$$

¿Dividir? ¡Ningún problema!

Cuando tenía que dividir, solía entrarme dolor de cabeza, sobre todo si eran números grandes o decimales, o bien la operación era larga. Por suerte, hay unos trucos sencillos que le facilitarán el proceso de dividir. En este capítulo exploraremos algunos de los mejores trucos para dividir, que puede utilizar diariamente para ahorrar tiempo y reducir el estrés. Pero antes de adentrarnos en ellos, comencemos con un breve repaso de los principios básicos de la división.

En el último capítulo, aprendimos que la multiplicación es solo un juego de sumas repetidas. Por ejemplo, **5 x 2** es lo mismo que sumar 2 cinco veces seguidas.

$$5 \times 2 = 2 + 2 + 2 + 2 + 2 = 10$$

Suma repetida

Teniendo esto en cuenta, ¿qué es la división? ¡Es solo un juego de restas repetidas! Tomemos por ejemplo 10 : 2. Para hallar la respuesta, reste grupos de 2 del 10 hasta llegar a su objetivo: cero. ¿Cuántas veces restó? Exactamente 5 veces. Es por ello que 10 : 2 = 5.

$$10 \div 2 = 10 - 2 - 2 - 2 - 2 - 2 = 0$$

Resta repetida = 5

Pero, como en cualquier otro juego, las cosas no siempre salen como pensamos y no siempre acabamos con un cero perfecto. Es cuando nos encontramos con un resto. El resto siempre será inferior al número por el que se divide, y es la razón de la existencia de las fracciones y los decimales. Algo extra para darle color al mundo de las matemáticas.

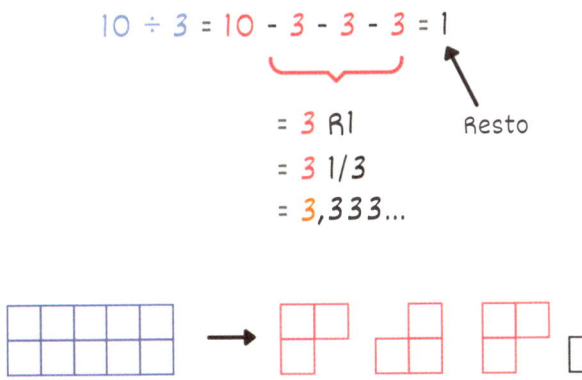

$$10 \div 3 = 10 - 3 - 3 - 3 = 1$$

$$= 3 \; R1 \qquad \text{Resto}$$
$$= 3 \; 1/3$$
$$= 3,333...$$

¿Qué pasa si divide un número por una fracción como ½?
Es el mismo concepto: simpemente descomponga cada unidad en segmentos de ½ y siga restando grupos de ½ hasta llegar a cero. Es como cortar trocitos de pastel en otros aún más pequeños.

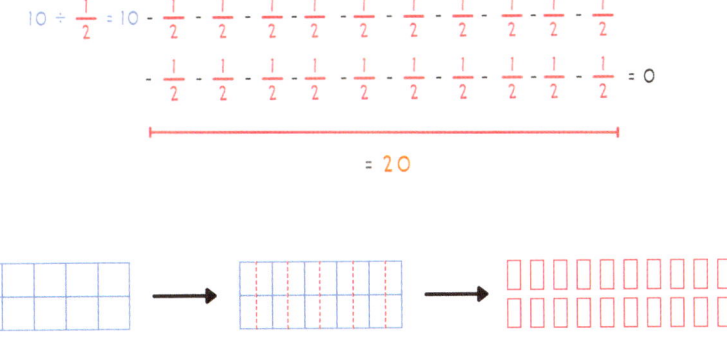

$$10 \div \tfrac{1}{2} = 10 - \tfrac{1}{2} - \tfrac{1}{2} - \tfrac{1}{2} - \tfrac{1}{2} - \tfrac{1}{2} - \tfrac{1}{2} - \tfrac{1}{2} - \tfrac{1}{2} - \tfrac{1}{2} - \tfrac{1}{2}$$
$$- \tfrac{1}{2} - \tfrac{1}{2} - \tfrac{1}{2} - \tfrac{1}{2} - \tfrac{1}{2} - \tfrac{1}{2} - \tfrac{1}{2} - \tfrac{1}{2} - \tfrac{1}{2} - \tfrac{1}{2} = 0$$

$$= 20$$

¿Se puede dividir un número por cero? Esto ha desconcertado a personas de todo el mundo, porque si lo entra en su calculadora, recibirá un mensaje que dice ERROR o VALOR INDEFINIDO. Pero ¿sabe por qué es imposible? Pongamos a prueba nuestro juego de la resta repetida y dividamos 10 entre 0.

$$10 ÷ 0 = 10 - 0 - 0 - 0 - 0 - 0 - 0 - 0 - 0 - 0 - 0$$
$$- 0 - 0 - 0 - 0 - 0 - 0 - 0 - 0 - 0 - 0$$
$$- 0 - 0 - 0 - 0 - 0 - 0 - 0 - 0 - 0 - 0 = \text{Indefinido}$$

No importa cuántas veces restemos cero de 10, el 10 nunca se reducirá a cero. Es como intentar recoger agua con un tenedor; ¡simplemente no funciona! Es por eso que 10 : 0 = VALOR INDEFINIDO.

Una última cosa antes de pasar a nuestros trucos de división. Dividir solo funciona cuando descompone algo en fragmentos iguales. Observe estos dos pasteles. Aunque ambos están *cortados* en 8 trozos, solo el segundo pastel está *dividido de forma igual* en 8 pedazos.

Aquí tiene un divertido rompecabezas: ¿cómo puede dividir el pastel en 8 trozos iguales mediante solo 3 cortes rectos? Inténtelo y vea si encuentra alguna solución.

Si no logra encontrarla, compruebe las respuestas de la parte final del libro para obtener una pista útil (pág. 199). Ahora que ya es un experto en los principios de la división, pasemos a nuestros útiles trucos. ¡Despídase del dolor de cabeza causado por la división!

Divida al instante por 5 (y 0,5, 50, 500)

Todos estamos de acuerdo en que dividir por 5 es fácil cuando el número acaba en 5 o 0, como, por ejemplo, 20 : 5 o 35 : 5. Pero ¿qué pasa con números como 43 : 5, 91 : 5 o 807 : 5? Este es uno de los trucos favoritos de todo el mundo para resolver estas operaciones de una forma facilísima. Pondremos como ejemplo el 43 : 5.

$$43 \div 5$$

Pasos

1 Primero, doble el número.

$$43 \times 2 = 86$$

2 A continuación, divida por 10 y obtendrá la respuesta. Para dividir cualquier cosa por 10, simplemente corra un punto decimal a la izquierda.

$$86 \div 10 = 8,6$$

Aquí tiene un desafío: ¿cómo aplicaría esta lógica a la hora de dividir 43 entre 0,5, 50 o 500? Veámoslo.

43 : 0,5
Para dividir 43 entre 0,5, todo lo que tiene que hacer es multiplicar 43 por 2. Es decir, $43 \times 2 = 86$, y, por tanto, $43 : 0,5 = 86$.

43 : 50
Para dividir 43 por 50, primero multiplique 43 por 2 ($43 \times 2 = 86$) y después divida por 100 ($86 : 100 = 0,86$).

43 : 500
Para dividir 43 por 500, primero multiplique 43 por 2 ($43 \times 2 = 86$) y después divida por 1.000 ($86 : 100 = 0,086$).

Práctica

$$32 : 5 \qquad 231 : 50 \qquad 4{,}200 : 500$$

¿Por qué funciona esto?

Los números más fáciles para calcular mentalmente son el 0, 1, 2, 10 y 100. Como $5 = 10 : 2$, dividir un número por 5 es lo mismo que multiplicarlo por 2 y después dividirlo por 10. Siempre resultará más fácil resolver dos pasos usando el 0, 1, 2, 10 o 100 que uno solo pero con números más difíciles.

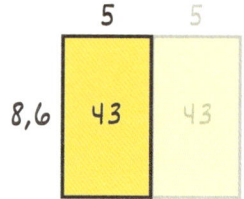

Cómo aprovechar al máximo su tiempo

El baloncesto tiene cinco posiciones clave: base, escolta, alero, ala-pívot y pívot.

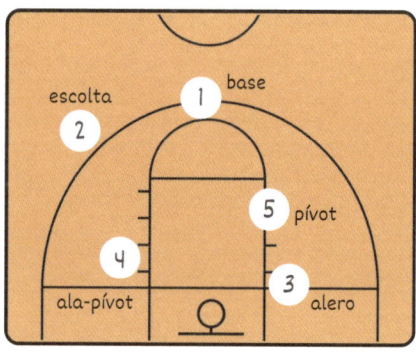

Mañana dispondré de 1,5 horas (o 90 minutos) para practicar baloncesto. Si quiero pasar la misma cantidad de tiempo perfeccionando mis habilidades en cada una de las cinco posiciones, ¿cuánto tiempo debería dedicar a cada una de ellas? En lugar de intentar calcular $90 : 5$, podemos multiplicar 90 por 2 ($90 \times 2 = 180$) y después dividir por 10 ($180 : 10 = 18$). Esto significa que tengo 18 minutos para practicar cada una de las 5 posiciones.

○ ¿Dividir por 25 (0,25, 2,5, 250)?

¿Ha empleado alguna vez el método Pomodoro para estudiar?
Es un famoso método de gestión del tiempo llamado así por los populares temporizadores de cocina en forma de tomate de la década de 1980, que hace que la tarea más abrumadora parezca posible.

El concepto es simple: estudiar 25 minutos, seguido por un descanso de 5 minutos. Repita este patrón hasta que termine de estudiar. Por ejemplo, si estudia durante 120 minutos, tendrá 4 intervalos de 25 minutos de estudio con descansos entre ellos. Pero si se salta los descansos, cuántos intervalos de 25 minutos de estudio puede completar en 120 minutos? Esta es una forma fácil de hacer el cálculo mentalmente.

$$120 \div 25$$

○ ○

Pasos

1 Primero, multiplique el dividendo por 4. El dividendo es el número que se divide, en este caso 120.

$$120 \times 4 = 480$$

2 A continuación, divida por 100 y obtendrá la respuesta. Para dividir cualquier cosa entre 100, simplemente corra el punto decimal dos posiciones hacia la izquierda. Por tanto, $120 : 25 = 4,8$.

$$480 \div 100 = 4,8$$

Esto significa que si tiene que estudiar 120 minutos seguidos, sin descanso, tendrá 4,8 intervalos de estudio de 25 minutos. ¡Muy bien! Ahora, utilizando la misma lógica que en los pasos previos, ¿cómo dividiría números entre 0,25, 2,5 y 250? Veámoslo.

21 : 0,25
Para dividir 21 entre 0,25, todo lo que tiene que hacer es multiplicar 21 por 4, es decir, **21 x 4 = 84**, y, por tanto, **21 : 0,25 = 84**.

121 : 2,5
Para dividir 121 entre 2,5, primero multiplique 121 por 4 (**121 x 4 = 484**) y después divida por 10 (**484 : 10 = 48,4**).

702 : 250
Para dividir 702 entre 250, primero multiplique 702 por 4 (**702 x 4 = 2.808**) y después divida por 1.000 (**2.808 : 1.000 = 2.808**).

Práctica

112 : 25   1 : 2,5   90 : 250

¿Por qué funciona esto?

Estará de acuerdo conmigo en que **25 = 100 : 4**. Por tanto, dividir un número por 25 es lo mismo que multiplicarlo por 4 y después dividirlo por 100. Para nuestro cerebro es mucho más fácil trabajar con el 4 y el 100, por lo que dividir por 25 es más sencillo cuando lo descomponemos.

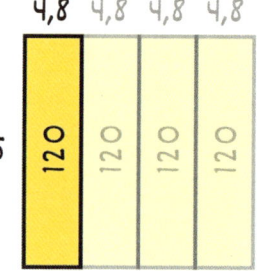

Divida mentalmente por 1,25 (0,125, 12,5, 125)

¿Utiliza el ajuste de velocidad de reproducción para sus vídeos de YouTube? Yo tengo que confesar que a menudo uso la posición de 1,25 veces la velocidad cuando la persona habla más bien despacio.

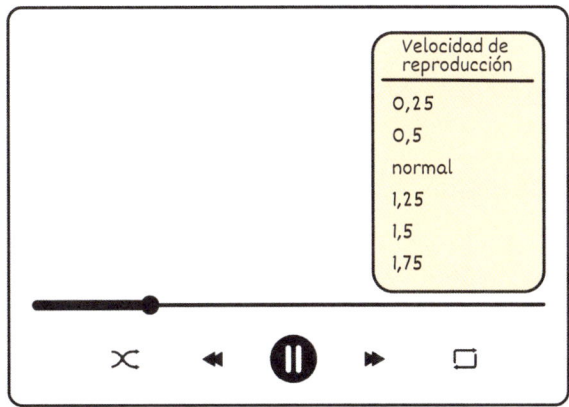

El otro día me encontré haciendo este cálculo: si estoy viendo un vídeo de 7 minutos a una velocidad de 1,25, ¿cuánto tiempo me ahorro?

$$7 \div 1,25$$

○ ○

Pasos

1 Primero, multiplique su número por 8.

$$7 \times 8 = 56$$

2 A continuación, divida por 10 para obtener la respuesta. Un vídeo de 7 minutos de duración se reducirá a 5,6 minutos si lo mira a una velocidad de 1,25.

$$56 \div 10 = 5,6$$

Siguiendo esta lógica, ¿cómo dividiría números por 0,125, 12,5 y 125?

1 : 0,125

Para dividir 1 entre 0,125, todo lo que tiene que hacer es multiplicar 1 por 8. Por tanto, 1 x 8 = 8, y 1 : 0,125 = 8. ¿Por qué no dividimos por 10 en este caso? Pues ¿a qué equivale 0,125 expresado como fracción? A 1/8. Y dividir por una fracción (1 : 1/8) es lo mismo que multiplicar por su recíproco (1 x 8). Si necesita un repaso rápido sobre los recíprocos, se trata del inverso de un número, obtenido dividiendo 1 por ese número. Para encontrar el recíproco de una fracción, simplemente inviértala, intercambiando el numerador y el denominador.

90 : 12,5

Para dividir 90 entre 12,5, primero multiplique 90 por 8 (90 x 8 = 720) y después divida por 100 (720 : 100 = 7,2).

400 : 125

Para dividir 400 entre 125, primero multiplique 400 por 8 (400 x 8 = 3.200) y, a continuación, divida por 1.000 (3.200 : 1.000 = 3,2).

Si le parece demasiado difícil multiplicar un número por 8, pruebe a descomponerlo. Multiplicar por 8 es lo mismo que multiplicar por 2 tres veces, y doblar algo siempre resulta fácil. Por ejemplo, multiplicar 400 por 8 es lo mismo que doblar 400 a 800, después a 1.600 y por último a 3.200.

Práctica

100 : 125

25 : 0,125

30 : 12,5

¿Por qué funciona esto?

Vamos a examinar más de cerca eso de dividir un número por 125. ¿Cuál es la relación entre 125 y 1.000? Pues que **1.000 = 125 x 8**. Por tanto, dividir un número por 125 es lo mismo que multiplicarlo por 8 y después dividirlo entre 1.000. Aunque 1.000 es un número grande, nos resulta fácil dividirlo simplemente corriendo el punto decimal tres lugares hacia la izquierda.

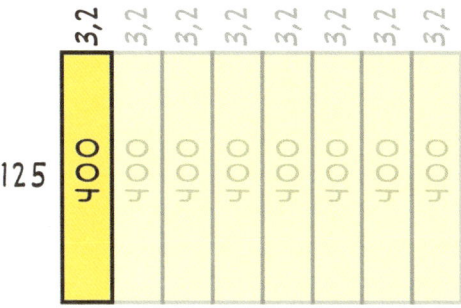

○ ¿Divisiones largas? ¡Pruebe con esto!

Admitámoslo: la división larga es útil, pero a veces resulta pesada.
Se hace difícil cuando su divisor (el número por el que divide) es grande.
Por ejemplo, cómo resolvería la siguiente división:

$$87 \overline{\smash{\big)}\,783}$$

¿Ha acabado preguntándose cuántas veces cabe 87 en 783 ¿No contradice
eso la razón de usar la división larga? La buena noticia es que se puede
emplear un método alternativo: el *método de cocientes parciales*.
¿Lo mejor de ello? Ni siquiera necesita saber todas las tablas de multiplicar,
solo las más sencillas, como la del 2 y la del 10.

Probemos el método de cocientes parciales con un ejemplo fácil:
dividir 173 por 13.

$$13 \overline{\smash{\big)}\,173}$$

○ ○

Pasos

1 Plantéese el problema tal como lo haría para una división normal,
pero trace una línea que baje por la derecha. En los próximos pasos
intentaremos rebajar nuestro dividendo a 0 restando múltiplos de
nuestro divisor (13).

$$13 \overline{\smash{\big)}\,173}$$

(2) Concéntrese en el 173 y pregúntese: «¿Cuál es un número fácil que puedo multiplicar por 13 y que sea inferior a 173?». No me sé de memoria la tabla del 13, pero sí sé que 13 x 10 = 130 y 13 x 2 = 26.

$$13 \overline{)173}$$

13 X 10 = 130

13 X 2 = 26

(3) Tiene que elegir uno de estos números para restarlo de 173, pero ¿cuál? ¿130 (13 x 10) o 26 (13 x 2)? Querrá elegir el múltiplo más elevado de 13 menor que 173, así que decídase por el 130. Si hubiera elegido el 26 acabaría con la misma respuesta, pero tendría que seguir más pasos.

$$13 \overline{)173}$$
$$-130 \quad | \quad 10$$
$$\overline{43}$$

(4) Repita de nuevo el proceso y pregúntese: «¿Cuál es un número fácil que puedo multiplicar por 13 y que sea inferior a 43?». Esta vez, 130 (13 x 10) es demasiado elevado, así que probaremos con 26 (13 x 2). Restando 26 de 43 obtenemos 17. ¡Nos estamos acercando!

$$13 \overline{)173}$$
$$-130 \quad | \quad 10$$
$$\overline{43}$$
$$-26 \quad | \quad 2 \qquad 13 \text{ X } 10 = 130$$
$$\overline{17} \qquad\qquad 13 \text{ X } 2 = 26$$

(5) Por último, pregúntese: «¿Cuál es un número fácil que puedo multiplicar por 13 y que sea inferior a 17?». ¿Qué le parece 13×1? Escriba el 13 a la izquierda y el 1 a la derecha y reste 13 de 17 para obtener 4.

$$
\begin{array}{r|l}
13\,\overline{)\,1\,7\,3} & \\
-1\,3\,0 & 1\,0 \\
\hline
4\,3 & \\
-2\,6 & 2 \\
\hline
1\,7 & \\
-1\,3 & 1 \\
\hline
4 & \\
\end{array}
$$

$13 \times 10 = 130$

$13 \times 2 = 26$

$13 \times 1 = 13$

(6) Cuando el número de abajo (4) es menor que su divisor (13), ¡ya ha terminado! Como no acabamos con un 0, nos quedará un resto de 4. Para obtener la respuesta final, sume todos los números del lado derecho ($10 + 2 + 1 = 13$). Su respuesta final a $173 : 13$ será 13 r4, donde «r» significa resto. Para convertir el resto en fracción, ponga el resto (4) sobre el divisor (13) para obtener la respuesta de 13 ⁴⁄₁₃.

$$
\begin{array}{r|l}
13\,\overline{)\,1\,7\,3} & \\
-1\,3\,0 & 1\,0 \\
\hline
4\,3 & \\
-2\,6 & 2 \\
\hline
1\,7 & \\
-1\,3 & 1 \\
\hline
4 & \\
\end{array}
\qquad
\begin{array}{r}
1\,0 \\
+\;\;2 \\
1 \\
\hline
1\,3 \\
\end{array}
$$

$$173 \div 13 = 13 \text{ R4} = 13\,\frac{4}{13}$$

Lo bueno del método de cocientes parciales es que no existe una única forma de llegar a la respuesta. Por ejemplo, en lugar de restar 13×2 y después 13×1, podría haber restado 13×1 tres veces.

$$
\begin{array}{r|l}
13\,\overline{)\,1\,7\,3} & \\
-1\,3\,0 & 1\,0 \\
\hline
4\,3 & \\
-1\,3 & 1 \\
\hline
3\,0 & \\
-1\,3 & 1 \\
\hline
1\,7 & \\
-1\,3 & 1 \\
\hline
4 & \\
\end{array}
$$

O bien podría incluso seguir restando **13 x 1** de 173 hasta obtener la respuesta. Con esta forma tardaría mucho más tiempo, pero seguiría funcionando.

```
13 │ 1 7 3
    - 1 3   │ 1
    ───────
    1 6 0
    - 1 3   │ 1
    ───────
    1 4 7
    - 1 3   │ 1
    ───────
    1 3 4
    - 1 3   │ 1
    ───────
    1 2 1
    - 1 3   │ 1
    ───────
    1 0 8
    - 1 3   │ 1
    ───────
      9 5
    - 1 3   │ 1
    ───────
      8 2
    - 1 3   │ 1
    ───────
      6 9
    - 1 3   │ 1
    ───────
      5 6
    - 1 3   │ 1
    ───────
      4 3
    - 1 3   │ 1
    ───────
      3 0
    - 1 3   │ 1
    ───────
      1 7
    - 1 3   │ 1
    ───────
        4
```

Existen numerosas formas de utilizar el método de cocientes parciales, y está en sus manos elegir el camino a tomar.

Práctica

82 : 15

723 : 80

850 : 110

¿Por qué funciona esto?

¿Recuerda cuando demostramos que la división es simplemente una resta repetida hasta llegar a 0? Por ejemplo, si descomponemos $80 : 10$, tendremos $80 - 10 - 10 - 10 - 10 - 10 - 10 - 10 - 10 = 0$. ¿Cuántas veces restamos 10 de 80? Ocho veces. De ahí que $80 : 10 = 8$. En nuestro ejemplo anterior, empezamos con 173 bloques y los dividimos en grupos de trece, así:

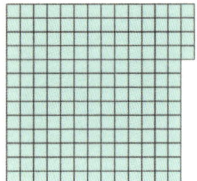

$173 : 13 = 173 - 13 - 13 - 13 - 13 - 13 - 13 - 13 - 13 - 13 - 13 - 13 - 13 - 13 = 4$. ¿Cuántas veces restamos 13? ¡13 veces! Sin embargo, no conseguimos llegar a un 0 perfecto, por lo que $173 : 13 = 13$ r4.

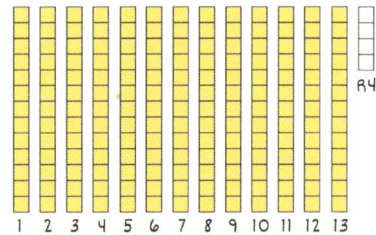

Restar 13 trece veces de 173 resulta tedioso. ¿Qué pasa si en lugar de ello sustraemos múltiplos de 13? Por ejemplo, $173 - (10 \times 13) - (2 \times 13) - (1 \times 13) = 4$. Al fin y al cabo, seguimos restando 13 treces, pero esta vez solo en tres grupos. Esto es de lo que trata el método de los cocientes parciales.

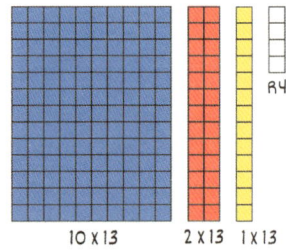

Predecir si un número es divisible por un número del 2 al 10

¿Ha participado alguna vez en un hackaton? Es un encuentro de programadores donde estos se reúnen en equipos durante 24 horas, sin dormir, y trabajan conjuntamente para crear un nuevo software. Es como una maratón, pero de programación.

Supongamos que organiza un hackaton en una sala de conferencias con capacidad para un máximo de 252 programadores. Si cada equipo consta de 6 programadores, ¿será posible distribuir los 252 asistentes en equipos de 6 personas?

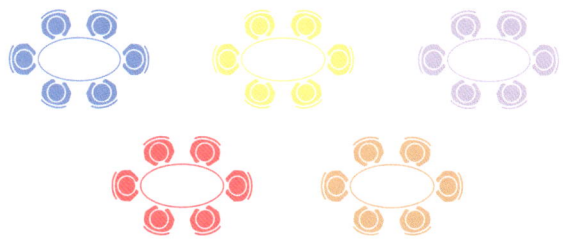

En lugar de adivinar o hacer cálculos, pruebe con estos atajos para dividir. Tenga este truco a mano, porque le dirá si cualquier número es divisible por un número del 2 al 10.

Un número es divisible por:

2 si el último dígito es un número par (0, 2, 4, 6, 8)

3 si la suma de todos sus dígitos es divisible por 3

4 si los dos últimos dígitos son divisibles por 4

5 si termina en 5 o en 0

6 si es divisible tanto por 2 como por 3

7 si al doblar el último dígito y restar la suma del resto del número, acaba en un número divisible por 7 o sale 0

8 si los tres últimos dígitos son divisibles por 8

9 si la suma de todos sus dígitos es divisible por 9

10 si acaba en 0

¡Repasemos todos estos casos con un ejemplo!

¿Es 1512 divisible por...?

2 ✓

Como el último dígito es un número par (2), entonces 1.512 es divisible por 2.

3 ✓

Separemos los cuatro dígitos de 1.512 y sumémoslos: $1 + 5 + 1 + 2 = 9$. ¿Es posible dividir 9 entre 3? Sí. Esto significa que 1.512 también es divisible por 3.

4 ✓

Los dos últimos dígitos de 1.512 son 12. ¿Es 12 divisible por 4? Sí. ($12 : 4 = 3$). Por tanto, 1.512 es también divisible por 4.

5 ✖

Como 1.512 no acaba en 5 ni en 0, no es divisible por 5.

6 ✓

¿Es 1.512 divisible por 2 y por 3? Sí, acabamos de demostrarlo, por tanto, 1.512 también es divisible por 6.

7 ✓

Si doblamos el último dígito de 1.512 obtenemos 4. Restando 4 del resto de los números de 1.512, excluyendo el 2, obtenemos $151 - 4 = 147$. ¿Es 147 divisible por 7? Puede utilizar la división larga para saberlo, o repetir este proceso. Si doblamos el último número de 147 obtenemos 14. Restando 14 del resto de 147 tenemos $14 - 14 = 0$. ¿Es 0 divisible entre 7? Sí, lo es. 0 dividido entre siete es 0. Esto significa que 1.512 es también divisible entre 7.

8 ✓

Los tres últimos dígitos de 1.512 son 512. ¿Es 512 divisible entre 8? Puede que tenga que recurrir a la división larga en este caso (o emplear mi truco de la página 114), pero $512 : 8 = 64$. Como 512 es divisible por 8, 1.512 también lo será.

9

Separemos los cuatro dígitos de 1.512 y sumémoslos: $1 + 5 + 1 + 2 = 9$. ¿Se puede dividir 9 entre 9? Sí. Esto significa que 1.512 también es divisible por 9.

10 ✖

Como 1.512 no acaba en 0, no es divisible por 10.

Acaba de demostrar que 1.512 es divisible por 2, 3, 4, 6, 7, 8 y 9. Con un poco de práctica, podrá determinarlo en pocos segundos.

Práctica

¿Son los números siguientes divisibles por 2, 3, 4, 5, 6, 7, 8, 9 y 10?

78

864

5.040

Organizar equipos perfectos

Volviendo al hackaton de 252 programadores, ¿sería capaz de distribuir 252 programadores en equipos de 6? Empleando nuestro útil atajo, sabemos que 252 es divisible por 2 porque el último dígito es par. También sabemos que es divisible por 3 porque la suma de los dígitos es divisible por 3 ($2 + 5 + 2 = 9$). Por tanto, 252 es también divisible por 6 y podrá crear equipos de 6 programadores de forma perfecta.

El poder de los porcentajes

¿Cuál es el 23% de 50?

¿Cómo calculo una propina del 18% de una cuenta de restaurante de 37 $?

¿Cuál es el interés anual del 6% sobre un préstamo de 12.000 $?

¿Estas cuestiones le dan dolor de cabeza? Si es así, es hora de remediarlo. En este apartado no solo aprenderá a resolverlas, sino también a hacerlas mentalmente.

Pero primero refresquemos la memoria. ¿Qué es un porcentaje? Un porcentaje o tanto por ciento es una forma caprichosa de expresar una fracción cuyo denominador es 100. Por tanto, 1% es lo mismo que $\frac{1}{100}$, 37% es lo mismo que $\frac{37}{100}$ y 100% es lo mismo que $\frac{100}{100}$, que es 1.

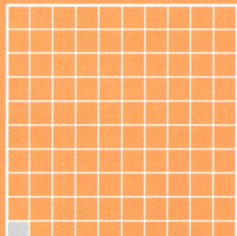

$$\frac{1}{100} = 1\%$$

$$\frac{37}{100} = 37\%$$

$$\frac{100}{100} = 1 = 100\%$$

¿Qué pasa con una fracción cuyo denominador no es 100, como por ejemplo $\frac{7}{20}$? Todavía puede ser un porcentaje: simplemente convierta la fracción en una fracción equivalente de denominador 100, o divida el número de arriba por el de abajo: estas son cuatro maneras de hacerlo.

$$\frac{7}{20} \quad \rightarrow \quad \frac{7 \times 5}{20 \times 5} \quad \rightarrow \quad \frac{35}{100} \quad \rightarrow \quad 35\%$$

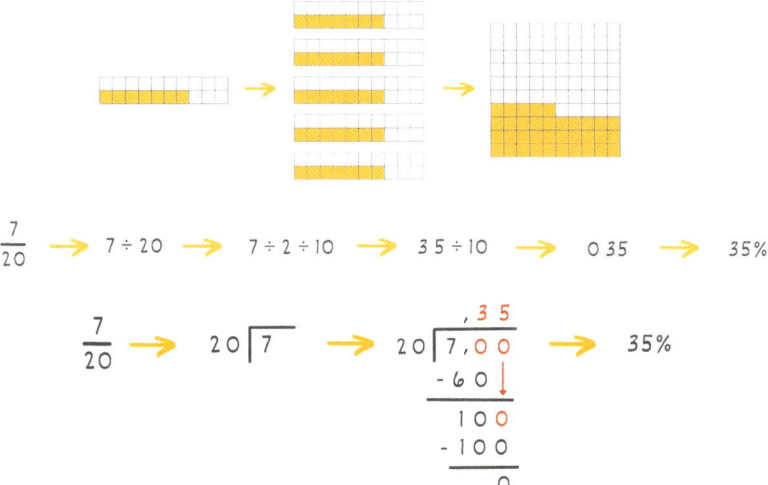

$$\frac{7}{20} \rightarrow 7 \div 20 \rightarrow 7 \div 2 \div 10 \rightarrow 3 5 \div 10 \rightarrow 0.35 \rightarrow 35\%$$

He aquí una sugerencia que podría serle útil para calcular porcentajes. Examinemos más de cerca la palabra «porcentaje». *Por*, en latín *per*, significa «por cada», y *centaje* se deriva de «100». Si lo juntamos, tenemos que «porcentaje» o «por ciento» significa «por cada 100».

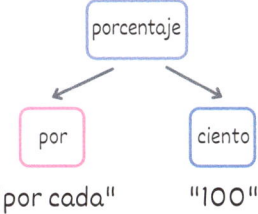

"por cada"   "100"

La raíz latina *cent* explica por qué un dólar tiene 100 centavos, un euro 100 céntimos, 100 años son un siglo (*century* en inglés) y 100 centímetros son un metro. Todo está conectado, como una gran red de números 100.

1 dólar = 100 x $

1 siglo = 100 x

1 metro = 100 x

Ahora que sabe cómo funcionan los porcentajes, exploraremos algunos trucos para resolverlos sin que le produzcan dolor de cabeza.

⊙ ¿Atascado? Invierta sus porcentajes

¿Está listo para un truco que cambiará para siempre su modo de trabajar con las matemáticas? Haciendo esto transformará difíciles problemas de porcentajes en otros más simples que resolverá en cuestión de segundos.

16% de 50

Pasos

1 Invierta sus porcentajes cambiando el número del que quiere saber el porcentaje.

$$16\% \text{ de } 50 = 50\% \text{ de } 16$$

2 ¡Resuelva la nueva expresión invertida y listo! Así: 50% de 16 es la mitad de 16, es decir, 8.

$$50\% \text{ de } 16 = \frac{1}{2} \times 16 = 8$$

¿No le parece asombroso? Este es otro ejemplo: ¿cuál es el 36% de 25? Parece difícil de resolver, pero el 36% de 25 es lo mismo que el 25% de 36, que simplemente es $36 : 4 = 9$. ¡Estupendo!

$$36\% \text{ de } 25 = 25\% \text{ de } 36 = 36 \div 4 = 9$$

Este truco lo cambia todo, sin embargo tiene sus limitaciones. No todas las operaciones de porcentajes resultan más fáciles invirtiendo los números. Por ejemplo, invertir el 28% de 73 daría 73% de 28, que no resulta nada fácil de calcular.

$$28\% \text{ de } 73 = 73\% \text{ de } 28 = \text{ ???}$$

Invertir los números funciona mejor cuando quiere encontrar el porcentaje de números enteros como 10, 20, 50, 75 y 100.

Práctica

23% de 200   15% de 20   12% de 75

¿Por qué funciona esto?

Probemos a hallar el 16% de 50 sin invertir los números. En primer lugar multiplique **16% x 50** y después conviértalo todo en fracciones (también puede resolverlo convirtiendo 16% en el decimal 0,16, pero para este ejemplo utilizaré fracciones).

$$16\% \times 50 = \frac{16}{100} \times \frac{50}{1} = \frac{16 \times 50}{100 \times 1}$$

¿Recuerda la propiedad conmutativa de la multiplicación? El orden de los factores no altera el producto. Por ejemplo, **3 x 5 = 5 x 3**. ¿Por qué es esto importante? Porque podemos aplicarlo a nuestro problema actual y cambiar el **16 x 50** del numerador por **50 x 16**.

$$\frac{16 \times 50}{100 \times 1} = \frac{50 \times 16}{100 \times 1}$$

Trabajando hacia atrás, separamos las fracciones, las volvemos a convertir en porcentajes y ¡listos! Ha demostrado que el 16% de 50 = 50% de 16.

$$\frac{50 \times 16}{100 \times 1} = \frac{50}{100} \times \frac{16}{1} = 50\% \text{ de } 16$$

Una sugerencia sobre las propinas

Ha disfrutado de una deliciosa comida cuyo coste es de 49,28 $.
Quiere dejar un 18% de propina, pero ¿cómo calcularlo en ese
mismo momento? Para facilitar las cosas, primero redondee la
cuenta a 50 $ y después calcule el 18% de 50.

18% de 50$ = 50% de 18 = 9

Los porcentajes sin esfuerzo

¿Quiere aprender a resolver problemas como estos en un abrir y cerrar de ojos?

$$70\% \text{ de } 20$$

$$40\% \text{ de } 60$$

$$30\% \text{ de } 90$$

Examine estos tres problemas. ¿Qué observa? Todos los números y porcentajes son múltiplos de 10 de dos dígitos. Cuando pasa esto, todo lo que necesita es un simple paso para resolver el problema. Probemos con 70% de 40.

$$70\% \text{ de } 40$$

Pasos

① Tome el primer dígito de cada número y multiplíquelos. ¡Así de fácil!

$$70\% \text{ de } 40 = 28$$
$$\uparrow$$
$$7 \times 4$$

Sigamos con la racha de desafíos. ¿Y si convertimos nuestro número de dos cifras en uno de una sola cifra, como el 40% de 9? Al igual que antes, multiplicamos los dos primeros dígitos (4 x 9 = 36), pero esta vez reducimos nuestra respuesta 10 veces para obtener 3,6 (simplemente moviendo el punto decimal una posición hacia la izquierda).

$$40\% \text{ de } 9 = 3,6$$

$$4 \times 9 \div 10$$

Práctica

90% de 20

30% de 500

80% de 8

¿Por qué funciona esto?

Calculemos el 30% de 80 convirtiéndolo todo en fracciones.

$$30\% \times 80 = \frac{30}{100} \times \frac{80}{1} = \frac{30 \times 80}{100 \times 1}$$

Podemos simplificar esta fracción tachando los factores comunes del numerador y denominador. Al tachar dos ceros del numerador y denominador, la fracción se simplifica a *3 x 8*, lo que nos da 24.

$$\frac{3\cancel{0} \times 8\cancel{0}}{1\cancel{0}\cancel{0} \times 1} = \frac{3 \times 8}{1 \times 1} = 3 \times 8 = 24$$

¿Cuánto se ahorra en descuentos?

Supongamos que compra unas pulseritas de cuentas hechas a mano en un mercadillo.

Si las pulseras están rebajadas un 30%, ¿cuánto se ahorrará si compra pulseras por un valor de 80 $? Es fácil calcular el 30% de 80 multiplicando los dos primeros dígitos: **3 x 8 = 24**. Esto significa que se ahorrará 24 $ y solo pagará 56 $ por las pulseras.

$$30\% \text{ de } 80 = 24$$
$$\uparrow$$
$$3 \times 8$$

Aquí tiene un desafío: ¿cuánto se ahorrará de un valor de 800 $ de pulseras rebajadas un 30%? Esta vez podría multiplicar también los dos primeros dígitos (**3 x 8 = 24**), pero añadiendo un 0 al final para obtener 240. ¡Se ahorrará 240 $! Todo lo que hicimos fue hacer nuestra respuesta 10 veces más grande.

$$30\% \text{ de } 800 = 240$$
$$\uparrow$$
$$3 \times 8 \times 10$$

O Descomponga sus porcentajes

¿A quién no le gusta un buen buen problema de porcentajes?
Ya sabe, los de un 10% o 50%. Pero, sabe qué, todo tipo de porcentaje
puede ser igual de fácil. Todo lo que tiene que hacer es descomponerlo
en otros más fáciles como 50%, 10%, 5% o 1%. Vamos a probar
con el 26% de 80.

26% de 80

● ●

Pasos

1 Descomponga su porcentaje en una combinación de 50%, 10%,
5% y 1%. Como $26 = 10 + 10 + 5 + 1$, podemos descomponer
26% en 10%, 10%, 5% y 1%.

26% de 80

10%

10%

5%

1%

2 Calcule cada porcentaje pequeño empezando por el **10% de 80**.
Para encontrar el 10% de un número, simplemente corra el punto
decimal un lugar hacia la izquierda.

26% de 80

10% ⟶ 8

10% ⟶ 8

5%

1%

(3) Una vez resuelto el **10% de 80**, calculará fácilmente el **5% de 80**. Como 5 es la mitad de 10, el 5% de 80 debe ser la mitad del 10% de 80. La mitad de 8 es 4.

26% de 80

10% ⟶ 8

10% ⟶ 8

5% ⟶ 4

1%

(4) Por último, calcule el **1% de 80**. Para ello, simplemente corra el punto decimal del 80 dos lugares hacia la izquierda.

26% de 80

10% ⟶ 8

10% ⟶ 8

5% ⟶ 4

1% ⟶ 0,8

(5) Sume todos los fragmentos de porcentajes que ha calculado para llegar a la respuesta final: el **26% de 80 = 8 + 8 + 4 + 0,8 = 20,8**.

26% de 80

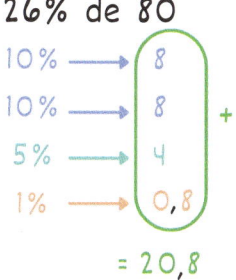

= 20,8

Práctica

25% de 48

31% de 60

19% de 50 (desafío: intente resolverlo de esta forma: 19% = 20% - 1%).

¿Por qué funciona esto?

Piense en ello de esta manera: una bañera estándar contiene un promedio de 80 galones (303 litros) de agua. Si la llena hasta el 26% de su capacidad, habrá utilizado 20,8 galones (79 litros) de agua.

Pero puede alcanzar el nivel del 26% sin tener que hacerlo de una sola vez. En lugar de ello, puede llenarla en varias veces, empezando por un 10% (lo que equivale a 8 galones [30,3 l] de agua), después otro 10%, un 5% (4 galones [15,1 l]) y, por último, el 1% restante (0,8 galón [3 l]. Con estas cantidades parciales, pronto se encontrará con una bañera llena al 26%.

Cómo calcular el rendimiento de su inversión

Esta habilidad le será útil en todo tipo de situaciones. Por ejemplo, al invertir en la bolsa de valores. Supongamos que decide comprar acciones de Microsoft® por un valor de 500 $. Al cabo de un año, las acciones han subido un 13%. ¡No está nada mal! Entonces, ¿cuánto aumentó su cartera de valores?

+13%

Para calcular cuánto subieron sus acciones, todo lo que tiene que hacer es calcular el 13% de 500 $. Aquí es cuando resulta útil descomponer sus porcentajes. Simplemente desglose 13% en 10%, 1%, 1% y 1% y sume las respuestas. Sus acciones aumentaron 65 $, elevando el valor total de su cartera a 565 $.

13% de 500 $

10% ⟶ 50 $
1% ⟶ 5 $
1% ⟶ 5 $
1% ⟶ 5 $

= 65 $

La magia del «de-es-cuál/qué/cuánto»

¿Se ha encontrado alguna vez con problemas de porcentajes expresados en palabras? Ya sabe, los que dicen:

¿Cuál es el 25% de 80?

¿De qué número es 6 el 15%?

¿Qué tanto por ciento de 50 es 12?

Traducir esto a problemas matemáticos puede ser una pesadilla, pero existe un truco que puede emplear para hacerlo más fácil. Esté atento a las palabras mágicas *de, es* y *cuál* (o *qué/cuánto*). Con esta práctica herramienta, se acabará la confusión.

de ⟶ x

es ⟶ =

qué
qué número ⟶ ?

Pasos

Así es como utilizamos nuestra práctica herramienta para resolver la primera ecuación de «¿Cuál (o cuánto) es el **25% de 80**?».

(1) Sustituya «cuál o cuánto» por un signo de interrogación (?).

¿Cuál es el 25% de 80?
↓
?

(2) Sustituya «es» por el signo de igual (=).

¿Cuál es el 25% de 80?
  ↓   ↓
  ?   =

(3) Escriba 25% (porque es un número).

¿Cuál es el 25% de 80?
  ↓   ↓   ↓
  ?   =   25%

(4) Sustituya «de» por el signo de multiplicar (x).

¿Cuál es el 25% de 80?
  ↓   ↓   ↓
  ?   =   25% x

(5) Escriba 80 (porque es un número).

¿Cuál es el 25% de 80?
  ↓   ↓   ↓
  ?   =   25% x 80

(6) Con estos pasos, habrá traducido «¿cuál es el 25% de 80?» a «**? = 25% x 80**». Ahora puede despejar la incógnita (el signo de interrogación) para encontrar la respuesta.

$$? = 25\% \times 80$$
$$= 0.25 \times 80$$
$$= 20$$

Así puede utilizar la herramienta para traducir los dos ejemplos siguientes:

¿Qué tanto por ciento de 50 es 12?
  ↓   ↓   ↓
  ?   x 50 = 12
  ? x 50 = 12

¿De   qué número es 6 el 15%?
         ↓   ↓   ↓
15% x   ?   = 6
15% x ? = 6

Práctica

¿Cuál es el 40% de 75?

¿Qué tanto por ciento de 50 es 20?

¿De qué número es 20 el 70%?

¿Por qué funciona esto?

Está claro por qué sustituimos «cuál» o «cuánto» por un signo de interrogación, pero ¿por qué «de» significa *multiplicar* y «es» significa *igual a*?

Empecemos con «de». En el idioma español, la palabra «de» se utiliza en varios contextos y uno de sus usos indica multiplicación. Es posible que ya use «de» para representar la multiplicación en su vida cotidiana. Veamos algunos ejemplos. Suponga que lleva 3 bolsas, cada una con 2 botellas de agua. ¿Cuántas botellas de agua lleva en total? Puede expresarlo como 3 bolsas «de» 2 botellas de agua, lo que se traduce en *3 x 2*, o 6 botellas en total. Otros ejemplos serían 8 pares de calcetines, 2 cajas de 12 huevos y 7 grupos de 10 estudiantes. Existen muchas maneras de expresar una multiplicación, pero la palabra «de» se utiliza con frecuencia cuando hablamos de porcentajes.

¿Y qué hay de «es»? Básicamente significa «igual a». Esto es especialmente cierto en matemáticas, donde «es» resulta ser una forma breve de decir «es igual a». Por ejemplo, «¿de qué número es *12 el 5%*?» equivale a decir «¿el *5% de 12* es igual a qué número?». En matemáticas, «es» suele indicar una igualdad. Por ejemplo, «3 más 5 es 8» implica que *3 + 5 = 8*. La palabra «es» indica que el lado izquierdo de la ecuación es igual al derecho.

Cómo calcular el valor de su empresa con nuevos fondos

Supongamos que pone en marcha una marca de ropa en línea que vende camisas hechas con tela de bambú sostenible. El negocio crece rápidamente y quiere abrir su primera tienda física en Los Ángeles, pero necesita algo de dinero extra para ello. Un inversor decide darle 50.000 $ a cambio del 20% de su empresa.

Si 50.000 $ equivale al 20% de su empresa, ¿cuál es el valor de esta? Vamos a transformar esta frase en una ecuación: ¿50.000 $ es el 20% de qué valor?

$$50.000 \$ = 20\% \times \; ?$$

Resolviendo el signo de interrogación, hallará que el valor de su empresa es de 250.000 $. ¡Excelente!

$$50.000 \$ = 20\% \times ?$$

$$50.000 \$ = 0,2 \times ?$$
$$\div 0,2 \qquad \div 0,2$$

$$250.000 \$ = ?$$

Trucos con cuadrados, cubos y raíces

¿Le apetece un desafío de cálculo mental? Sin la ayuda de una calculadora, ¿es capaz de decirme los valores de estos cuadrados y raíces cuadradas?

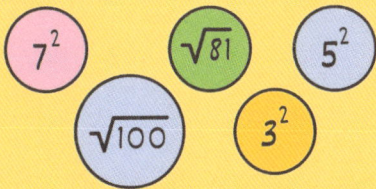

Una vez memorizadas las tablas de multiplicar del 2 al 10, esto tendría que ser facilísimo. Pero ¿qué pasa con números más grandes, o cubos y raíces cúbicas como estas de aquí abajo? Y cuando digo *cubo*, me refiero a un número elevado a la potencia de 3. Por otro lado, la raíz cúbica de un número es un valor que podemos multiplicar tres veces por sí mismo para obtener ese número.

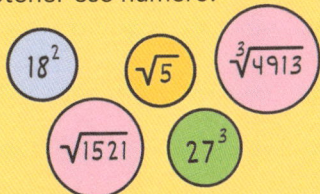

No deje que estos números le asusten. Tal vez parezcan imposibles de resolver, pero al final de este apartado, recitará las respuestas sin tener que pensárselo dos veces.

¿Quiere estar más convencido? Este es un pequeño adelanto para empezar: ¿sabía que cuando eleva un número al cuadrado o al cubo, el último dígito será siempre el mismo que el último dígito del número original elevado al cuadrado o al cubo? Es una forma extremadamente fácil de verificar su respuesta y asegurarse de que va por buen camino. ¿Desea conocer la explicación matemática que se esconde detrás de ello? Siga leyendo este capítulo para descubrirlo.

$$73^2 = 5329 \qquad 12^3 = 1728$$

$$3^2 = 9 \qquad\qquad 2^3 = 8$$

Llegado a este punto, ya sabe que la multiplicación es simplemente repetir unas sumas y la división, un juego de restas repetidas hasta llegar a cero. Pero ¿qué es un exponente? Es solo una multiplicación repetida. Por ejemplo 2^3: es un 2 multiplicado 3 veces.

$$2^3 = 2 \times 2 \times 2 = 8$$

Los exponentes hacen que las cosas aumenten de un modo increíblemente rápido, siguiendo la forma de un palo de hockey. Se encargan de hacer crecer sus inversiones, las cosas que se vuelven virales en In-ternet y la propagación de enfernedades.

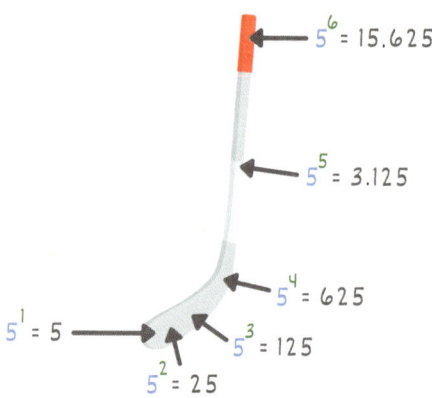

$$5^6 = 15.625$$
$$5^5 = 3.125$$
$$5^4 = 625$$
$$5^1 = 5$$
$$5^3 = 125$$
$$5^2 = 25$$

Por ejemplo, pongamos que sube un vídeo a YouTube que ven 2 personas. Si esas 2 personas comparten el vídeo con otras 2, y estas lo envían cada una a otras 2, su vídeo empezará a volverse viral en poco tiempo.

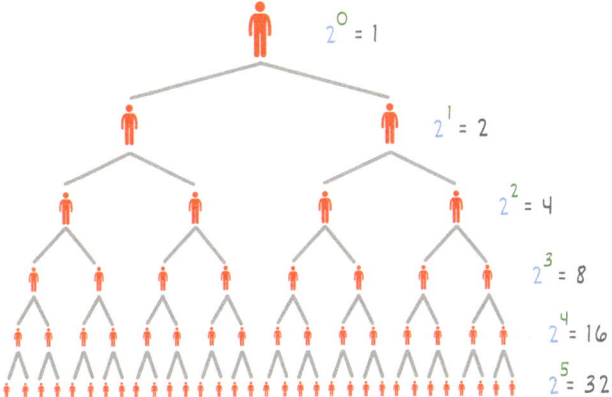

$2^0 = 1$

$2^1 = 2$

$2^2 = 4$

$2^3 = 8$

$2^4 = 16$

$2^5 = 32$

Y ahora, un poco de terminología. En el caso de 2^3, el 2 es la *base* y el 3 el *exponente*; el conjunto es una *potencia*. Normalmente, trabajamos con exponentes como 2 y 3, de manera que les dimos nombres especiales: *elevar al cuadrado* y *elevar al cubo*.

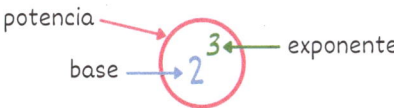

potencia — base — 2^3 — exponente

¿Quiere hacerlo a la inversa y hallar la base de un número elevado al cuadrado o al cubo? Resuelva la raíz cuadrada o cúbica de ese número.

$$5^2 = 5 \times 5 = 25$$

$$\sqrt{25} = \sqrt{5 \times 5} = 5$$

$$10^2 = 10 \times 10 = 100$$

$$\sqrt{100} = \sqrt{10 \times 10} = 10$$

Pues bien, ahora que ya conoce los fundamentos, vamos a divertirnos y a meternos de lleno en este fascinante tema. ¡Ahí vamos!

Calcular mentalmente los cuadrados del 1 al 99

¿Ha entrado alguna vez en un apartamento del bullicioso centro de Nueva York? Si es así, sabrá a lo que me refiero si digo que son diminutos.

Un estudio típico de la ciudad de Nueva York suele medir entre 20 y 25 pies (6,1 a 7,6 m) de largo y ancho. Y con el coste de vida en constante aumento, el precio del alquiler se dispara: estamos hablando de unos 5 \$ por pie cuadrado.

Entonces, si está pensando en alquilar un cómodo estudio de 21 x 21 pies (6,4 x 6,4 metros), ¿cuánto pagará de alquiler al mes?

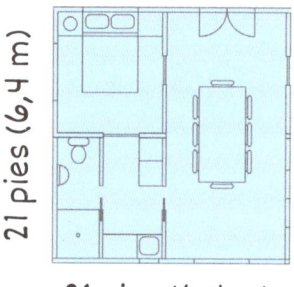

21 pies (6,4 m)

Para resolverlo, calculemos primero los pies cuadrados (21^2) y multipliquémoslos por 5 \$.

$$21^2$$

○ ○

Pasos

1 Divida la respuesta en tres partes: primera, intermedia y final.

$$21^2 = \underline{\hspace{1cm}}\ \underline{\hspace{1cm}}\ \underline{\hspace{1cm}}$$

primera   intermedia   final

2 Eleve al cuadrado el dígito de las decenas (2) y póngalo en la primera parte.

$$\text{(2)}1^2 = \underline{4} \; \underline{\;\;} \; \underline{\;\;}$$
$$\uparrow$$
$$2^2$$

3 Eleve al cuadrado el dígito de las unidades (1) y póngalo en la parte final.

$$2\text{(1)}^2 = \underline{4} \; \underline{\;\;} \; \underline{1}$$
$$\uparrow$$
$$1^2$$

4 Multiplique el número de las decenas por el de las unidades y el resultado por 2 (2 x 2 x 1 = 4). Anote este resultado en la parte intermedia.

$$\text{(21)}^2 = \underline{4} \; \underline{4} \; \underline{1}$$
$$\uparrow$$
$$2(2 \times 1)$$

5 Compruebe si la parte final o intermedia tiene un número de dos dígitos. Si es así, llévese el dígito de las decenas. Este ejemplo solo contiene cifras de un solo dígito, así que no necesita llevarse ninguno.

$$21^2 = 441$$

Por tanto, ¿cuánto le costaría un estudio de 21 x 21 pies (6,4 x 6,4 m) en la ciudad de Nueva York? Hallamos que el área del apartamento es de 441 pies cuadrados (40,96 m²), y como el alquiler es de unos 5 $ por pie cuadrado, el coste mensual será 441 x 5 = 2.205 $. Algo caro por un espacio tan reducido, ¿no cree?

¿Le apetece seguir con otro ejemplo? Probemos con un problema en el que haya que llevarse alguna cifra. Tendrá que hacerlo siempre que la sección intermedia o la última contengan números de dos cifras.

$$43^2$$

Pasos

1 Como hicimos antes, divida su respuesta en tres secciones.

$$43^2 = \underline{\quad}\,\underline{\quad}\,\underline{\quad}$$

primera   intermedia   final

2 Eleve al cuadrado el dígito de las decenas (4) y anote la respuesta en la primera parte.

$$\boxed{4}3^2 = 16 \underline{\quad}\,\underline{\quad}$$
$$\uparrow$$
$$4^2$$

3 Eleve al cuadrado el dígito de las unidades (3) y póngalo en la parte final.

$$4\boxed{3}^2 = 16 \underline{\quad} 9$$
$$\uparrow$$
$$3^2$$

4 Multiplique el número de las decenas por el de las unidades y el resultado por 2 (**2 x 4 x 3 = 24**). Anote este resultado en la parte intermedia de su respuesta.

$$\boxed{43}^2 = 16\ 24\ 9$$
$$\uparrow$$
$$2(4 \times 3)$$

5 Veamos si la última parte contiene una cifra de dos dígitos. ¡No! ¿Y la parte intermedia? ¡Sí! La parte intermedia tiene una cifra de dos dígitos (24), por lo que tendrá que conservar el de las unidades (4), llevarse el de las decenas (2) y sumarlo a la siguiente sección de la izquierda (**16 + 2 =18**). Obtendrá la respuesta final de 1.849. No se preocupe si la primera parte se convierte en un número de dos dígitos, ¡ocurre con frecuencia!

$$43^2 = \overset{+2}{16}\ 4\ 9 = 1849$$

Práctica

$$13^2 \qquad 32^2 \qquad 72^2$$

Resolvamos 21^2 con un poco de álgebra. Podemos expresar 21 como $10a + b$, donde «a» es el dígito de las decenas y «b» el de las unidades (a = 2 y b = 1. Ahora, si elevamos nuestro número al cuadrado, se convierte en $(10a + b)^2 = 100\,a^2 + 20ab + b^2$. Estos tres términos de la ecuación representan cada una de las partes que solucionamos: la primera es $100a^2$, la intermedia $20ab$ y la última b^2. El 100 y el 10 que se multiplican en la primera parte y la intermedia representan las posiciones de las centenas y las decenas.

También podemos visualizarlo geométricamente con un cuadrado de 21 x 21.

21

21

Para hallar el área del cuadrado, podemos descomponerlo primero en rectángulos pequeños ($21 = 20 + 1$). Luego, calcular el área de cada rectángulo y sumar todas las áreas para encontrar la total. ¡Es como un puzle! Los rectángulos pequeños suman $20^2 + 2(20 \times 1) + 1^2$, que sigue la ecuación anterior de $100a^2 + 20ab + b^2$.

$$21^2 = 400 + 20 + 20 + 1 = 441$$

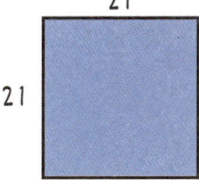

Empleando un poco de álgebra y geometría podemos hallar el área de un número de dos dígitos de forma rápida y fácil. Inténtelo con diferentes números y compruébelo usted mismo.

○ El arte de elevar al cuadrado (100 a 999)

Ya ha dominado el arte de elevar mentalmente al cuadrado los números del 1 al 99, pero ¿está listo para llevarlo al siguiente nivel y elevar al cuadrado números del 100 al 1.000 como un genio de las matemáticas? Usaremos la misma lógica que en el último truco (pág. 140), pero dándole un giro.

$$504^2$$

Pasos

① Divida su respuesta en tres partes: primera, intermedia y final.

$$504^2 = \underline{}\ \underline{}\ \underline{}$$

primera   intermedia   final

② Eleve al cuadrado el dígito de las centenas (5) y póngalo en la primera parte.

$$(5)04^2 = \underline{25}\ \underline{}\ \underline{}$$
↑
5^2

③ Combine el dígito de las decenas y el de las unidades (el 4 de 504). A continuación, elévelo al cuadrado ($4^2 = 16$) y anote el resultado en la parte final.

$$5(04)^2 = \underline{25}\ \underline{}\ \underline{16}$$
↑
4^2

4 Multiplique el dígito de las centenas (5) por el combinado de decenas y unidades (04) y multiplíquelo por 2 (**2 x 5 x 40 = 40**). Anótelo en la parte intermedia de su respuesta.

$$\left(\boxed{5\,0\,4}\right)^2 = \underline{25}\ \underline{40}\ \underline{16}$$

$$\uparrow$$

$$2\,(5\times4)$$

5 Compruebe si la parte final o intermedia contiene un número de tres cifras. Si fuera así, llévese el dígito de las centenas a la siguiente sección a la izquierda. En este caso, como solo hay dos dígitos en estas dos secciones, no nos llevaremos nada y habremos terminado. En este ejemplo: **504² = 254.016**.

$$504^2 = 254016$$

¿Se puede creer que calculamos mentalmente un número tan grande como 254.016? Imagínese la reacción de sus amigos cuando lo haga delante de ellos, ¡será increíble! Pero antes de empezar a practicar, resolvamos un nuevo ejemplo donde tenemos que llevarnos algún número.

$$312^2$$

Pasos

1 Divida su respuesta en tres partes: primera, intermedia y final.

$$312^2 = \underline{}\ \underline{}\ \underline{}$$

primera | intermedia | final

2 Eleve al cuadrado el dígito de las centenas (3) y póngalo en la primera parte ($3^2 = 9$).

$$\textcircled{3}12^2 = \underset{\underset{3^2}{\uparrow}}{9} \underline{} \underline{}$$

3 Combine el dígito de las decenas y el de las unidades (el 12 de 312). A continuación, elévelo al cuadrado ($12^2 = 144$) y anote el resultado en la parte final.

$$3\textcircled{12}^2 = \underline{9} \underline{} \underset{\underset{12^2}{\uparrow}}{144}$$

4 Multiplique el dígito de las centenas (3) por el combinado de decenas y unidades (12) y multiplíquelo por 2 ($2 \times 3 \times 12 = 72$). Póngalo en la parte intermedia de su respuesta.

$$\textcircled{312}^2 = \underline{9} \underset{\underset{2(3\times12)}{\uparrow}}{72} \underline{144}$$

5 Compruebe si la parte final o intermedia contiene un número de tres cifras. ¡Pues sí (144)! Quédese con el dígito de las unidades y las decenas (44), llévese el de las centenas (1) y súmelo al de la sección de la izquierda ($72 + 1 = 73$). ¿La sección intermedia tiene un número de tres cifras? En este caso no. Hecho, pues, la respuesta final es 97.344. Simplemente recuerde que la primera sección puede tener tres dígitos, así que no se preocupe si este es su caso.

$$312^2 = \underline{9} \; \overset{+1}{\underline{72}} \; \underline{44} = 97344$$

Práctica

$$111^2 \qquad 132^2 \qquad 541^2$$

¿Por qué funciona esto?

Cuando en el ejemplo anterior empleamos el álgebra para elevar al cuadrado números de dos dígitos, los representamos como 10a + b, donde «a» es el dígito de las decenas y «b» el de las unidades (por ejemplo, en el caso de 21, a = 2 y b = 1). De modo similar, cuando elevamos al cuadrado números de tres cifras, podemos representarlos como 100a + b, donde «a» es el dígito de las centenas y «b» la combinación del de las decenas y las unidades (por ejemplo, para el 312, a = 3 y b = 12). Esto se expande como $10.000a^2 + 200ab + b^2$ donde la primera sección es $10.000a^2$, la intermedia 200ab y la última b^2.

También podemos visualizarlo geométricamente con un cuadrado de 312 x 312.

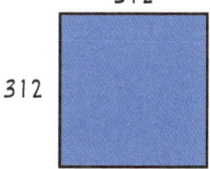

Para hallar el área del cuadrado, podemos descomponerlo primero en rectángulos pequeños ($312 = 300 + 12$) y luego calcular el área de cada rectángulo y sumar todas las áreas para encontrar la total. Los rectángulos pequeños suman $300^2 + 2(300 \times 12) + 12^2$, que sigue la ecuación anterior de $10.000a^2 + 200ab + b^2$.

$$312^2 = 90000 + 3600 + 3600 + 144 = 97344$$

Cuando le digo que puede elevar números de dos dígitos acabados en 4 en tres segundos, quiero decir tres segundos exactos. ¿Siente curiosidad por saber cómo? ¡Este es el secreto!

$$35^2$$

Pasos

1. En primer lugar, multiplique el dígito de las decenas (3) por uno más que sí mismo (*3* x [*3* + 1] = *3* x 4 = 12).

$$\textcircled{3}5^2 = \underline{12}$$
$$\uparrow$$
$$3 \times 4$$

2. Añada un 25 al final y obtendrá su respuesta.

$$35^2 = 12\,25$$

Fácil, ¿no le parece? Pruebe ahora con 752. Multiplicando 7 por uno más que sí mismo (*7* x *8* = *56*) y añadiendo después 25 al final, obtenemos 5.625. Recuerde poner siempre 25 al final de su respuesta, como la guinda de un pastel.

Práctica

25^2 55^2 95^2

¿Por qué funciona esto?

Resolvamos 35^2 algebraicamente. Podemos expresar 35 como 10a + b, donde «a» es el dígito de las decenas y «b» el de las unidades (a = 3 y b = 5). Cuando lo elevamos al cuadrado, obtenemos $(10a+b)^2 = 100a^2 + 20ab + b^2$. Como b es siempre 5, podemos simplificarlo a $100a^2 + 100a + 25$. Y si lo examina de cerca, verá que el lugar de las centenas es a(a + 1), que es el dígito de las decenas multiplicado por uno más sí mismo, y el dígito de las unidades será siempre 25. ¿No le parece curioso?

También podemos visualizarlo de forma geométrica con un cuadrado de 35 x 35.

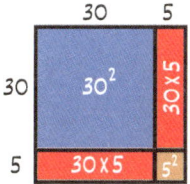

Para hallar el área del cuadrado, podemos imaginar que lo partimos en rectángulos pequeños (divida por el dígito de las decenas y el de las unidades), calculando el área de cada rectángulo y sumándolas todas para encontrar la total.

Todo lo que hacemos en este truco es desplazar algunos rectángulos pequeños para crear otro (**30 x 40 = 1.200**) y añadimos un cuadradito extra (**5 x 5 = 25**). ¡Es como un juego de Tetris®!

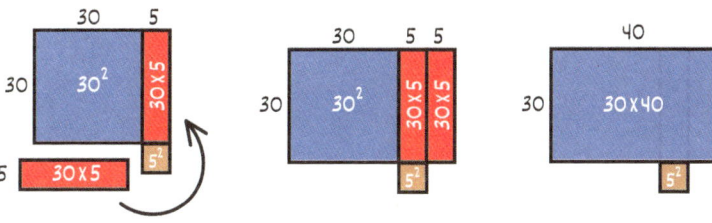

○ El truco para elevar números al cubo

¡Enhorabuena, amigo mío! Ha llegado al capítulo más extenso, más difícil, pero también el más gratificante. Tómese un momento para apreciar la distancia recorrida. Si hoy le apetece aceptar un desafío importante, venga conmigo y le revelaré un truco que le enseñará a elevar un número al cubo mentalmente por medio de una rejilla.

$$12^3$$

¿Cómo elevaría al cubo el número 12 de forma mental? Para hacerlo, primero precisará conocer el cubo de los números del 1 a 9, pero confíe en mí si le digo que merece la pena.

$$1^3 = 1$$
$$2^3 = 8$$
$$3^3 = 27$$
$$4^3 = 64$$
$$5^3 = 125$$
$$6^3 = 216$$
$$7^3 = 343$$
$$8^3 = 512$$
$$9^3 = 729$$

No dude en consultar esta lista mientras sigue los pasos para hallar 12^3. Con un poco de práctica, se la aprenderá de memoria en poco tiempo.

Pasos

(1) Representemos el dígito de las decenas de nuestro número como «a» y el de las unidades como «b». Combinando ambos números, obtenemos «ab». Para el número 12 de nuestro ejemplo, a = 1 y b = 2.

$$1\underset{\uparrow}{2}$$

$$\underset{a}{\uparrow} \ \underset{b}{\uparrow}$$

(2) Aquí es donde las cosas se ponen interesantes. Dibuje una rejilla y escriba a^3, a^2b, $2a^2b$, ab^2, $2ab^2$ y b^3 en su interior. Esta rejilla nos ayudará a descomponer el proceso de multiplicación para que podamos calcular mentalmente con un poco de práctica. ¿Observa algún patrón? Los términos de la segunda fila son el doble de los que tienen encima, en la primera fila. Recuerde esto, porque más tarde le resultará útil.

a^3	a^2b	ab^2	b^3
	$2a^2b$	$2ab^2$	

(3) Como a = 1 en el caso de 12, podemos sustituir cada «a» por un 1 y nuestra rejilla se simplificará de modo considerable. Así es: elevar nú-meros al cubo que empiezan o terminan en 1 será mucho más fácil de resolver. Así que si se encuentra con un número como 15, 31 o 91, puede utilizar una rejilla simplificada.

1	b	b^2	b^3
	$2b$	$2b^2$	

4 ¡Estupendo! Como b = 2 en el caso de 12, podemos sustituir cada «b» por un 2. Le sugiero hacerlo de izquierda a derecha empezando por la primera fila.

1	2	b^2	b^3
	$2b$	$2b^2$	

5 A continuación, sustituya b^2 por 2 en la tercera columna. Con ello obtenemos $2^2 = 2 \times 2 = 4$.

1	2	4	b^3
	$2b$	$2b^2$	

6 Por último, sustituyamos b^3 por 2 en la cuarta columna. Esto se con-vierte en $2^3 = 2 \times 2 \times 2 = 8$.

1	2	4	8
	$2b$	$2b^2$	

7 Ahora la segunda fila. Puede sustituir de nuevo cada «b» por 2, pero existe una forma incluso más rápida de hacerlo. ¿Qué dijimos sobre la segunda fila en el paso 2? Que es el doble del valor de la primera fila. Así que, en lugar de sustituir cada «b» por un 2, simplemente doblamos los números de la primera fila. Doblemos primero el 2 de la segunda fila para obtener 4.

1	2×2	4	8
	↓4	$2b^2$	

8 Por último, doble el 4 de la tercera columna para obtener 8.

1	2	2×4	8
	4	↓8	

9 Ha hecho un buen trabajo rellenando la rejilla, y casi ha terminado. Todo lo que le queda por hacer es sumar todos los números para hallar la respuesta final. Considere la primera fila como un número (1.248) y la inferior como otro (480), y súmelos como haría de forma tradicional, de derecha a izquierda. Igual que cuando suma dos números, si cualquier columna (excepto la de la izquierda) da 10 o más, deje el número de las unidades y llévese el de las decenas a la siguiente columna de la izquierda. En la tercera columna, $4 + 8 = 12$, así que dejamos el 2 y nos llevamos 1 a la segunda columna.

		+1		
	1	2	4	8
+		4	8	
	1	7	2	8

10 Combine todos los dígitos que ha sumado para hallar la respuesta final de $12^3 = 1.728$.

$$12^3 = 1728$$

No está mal, ¿verdad? Probemos ahora con un número un poco más difícil, que implicará llevarse algún número a la hora de rellenar la rejilla. Será un poco más largo, pero no se preocupe, estoy aquí para guiarle paso a paso. Recuerde, la clave está en resolver un paso tras otro, sin dejarse abrumar.

$$23^3$$

Pasos

1 Dibuje una rejilla donde a = 2 y b = 3.

a^3	a^2b	ab^2	b^3
	$2a^2b$	$2ab^2$	

2 Igual que antes, sustituyamos a = 2 y b = 3 en nuestra rejilla, de izquierda a derecha, empezando por el a^3 de la primera columna. Esto se convierte en $2^3 = 2 \times 2 \times 2 = 8$.

8	a^2b	ab^2	b^3
	$2a^2b$	$2ab^2$	

3 A continuación, tenemos $a^2b = 2^2 \times 3 = 12$. Como 12 es un número de dos dígitos y cada columna solo puede contener uno, tendra que dejar el dígito de las unidades (2) y llevarse el de las decenas (1) a la columna de la izquierda.

+1			
8	2	ab^2	b^3
	$2a^2b$	$2ab^2$	

4 Ahora tenemos $ab^2 = 2 \times 3^2 = 18$. De nuevo, como el 18 es un número de dos dígitos, deje el de las unidades (8) y lleve el de las decenas (1) a la siguiente columna.

+1	+1		
8	2	8	b^3
	$2a^2b$	$2ab^2$	

5 La última columna de la primera fila es $b^3 = 3^3 = 3 \times 3 \times 3 = 27$. Deje el dígito de las unidades (7) y lleve el de las decenas (2) a la siguiente columna.

	+1	+1	+2	
	8	2	8	7
		$2a^2b$	$2ab^2$	

6 Es hora de rellenar la fila inferior. Para la segunda columna, doble 12 para obtener 24 (otra forma sería calcular la expresión $2a^2b = 2 \times 2^2 \times 3 = 24$). Deje el 4 y lleve el 2 a la siguiente columna de la izquierda.

	+2			
	+1	+1	+2	
	8	2	8	7
		↓4	$2ab^2$	

7 Por último, doble 18 para obtener 36 (o calcule $2ab^2 = 2 \times 2 \times 3^2 = 36$). Deje el 6 y lleve el 3 a la siguiente columna de la izquierda.

	+2	+3		
	+1	+1	+2	
	8	2	8	7
		4	↓6	

¡Genial! Ha rellenado la rejilla entera. Ahora viene lo fácil. Sumemos todos los números de cada columna. En la segunda y tercera columnas de derecha a izquierda, los números sumados son de dos dígitos (16 y 11), por lo que, al sumar, debe asegurarse de quedarse con el de las unidades y llevarse el de las decenas a la siguiente columna de la izquierda.

	+1	+1		
	+2	+3		
	+1	+1	+2	
+	8	2	8	7
		4	6	
	12	1	6	7

 Sumándolo todo obtenemos nuestra respuesta final de $23^3 = 12.167$. ¡Lo consiguió!

$$23^3 = 12167$$

Práctica

$11^3 \quad 17^3 \quad 32^3$

¿Por qué funciona esto?

Cuando elevamos un número al cuadrado, creamos un cuadrado, pero cuando lo elevamos al cubo, ¿qué cree que obtenemos? ¡Un cubo!

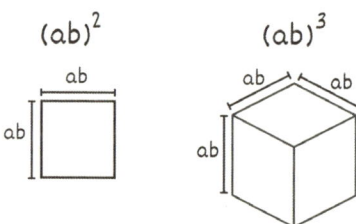

Veamos ahora cómo hallar el volumen de un cubo. Una forma de hacerlo es partiéndolo en trocitos, encontrando el volumen de cada trozo y después sumando los valores. Pero ¿cómo sabemos por dónde partir el cubo? Existen muchas maneras, pero una forma fácil es descomponiendo cada lado en sus valores posicionales. Representemos nuestro número (12) algebraicamente como (10a + b), donde «a» es el dígito de las decenas (1) y «b» el de las unidades (2). Cuando elevamos esto al cubo y multiplicamos los binomios, obtenemos: $(10a + b)^3 = 1.000a^3 + 300a^2b + 30ab^2 + b^3$.

$$(10a + b)^3 = 1000a^3 + 300a^2b + 30ab^2 + b^3$$

Espere, ¿hay algo en esta ecuación que le resulte familiar? Podemos descomponer $300a^2b$ y $30ab^2$ hasta obtener $1.000a^3 + 200a^2b + 100a^2b + 20ab^2 + 10ab^2 + b^3$. Estos seis términos son los mismos que sumamos en nuestra rejilla (los numeros de los coeficientes que tienen delante determinan su valor posicional en las unidades de mil, centenas, decenas y unidades).

$$(10a + b)^3 = 1000a^3 + 200a^2b + 100a^2b + 20ab^2 + 10ab^2 + b^3$$

a^3	a^2b	ab^2	b^3
	$2a^2b$	$2ab^2$	

¿Por qué separamos $300a^2b$ y $30ab^2$ en $(200a^2b + 100a^2b)$ y $(20ab^2 + 10ab^2)$? Porque es mucho más fácil calcular mentalmente un término como a^2b y después doblarlo, que calcular $3a^2b$. Así pues, empecemos a descomponer y veamos qué obtenemos.

¿Qué es la matemática de la servilleta?

¿Alguna vez ha oído la expresión «matemática de la servilleta»? Es un término coloquial que se utiliza en el sector financiero y que hace referencia a los cálculos rápidos que se hacen en un contexto informal, como una cena de negocios. Por ejemplo, si está gestionando una cartera de inversiones y piensa invertir unos 100.000 $ en una empresa joven que se espera crezca un 20% anual, puede emplear la fórmula del interés compuesto para calcular el valor estimado de su inversión en 3 años.

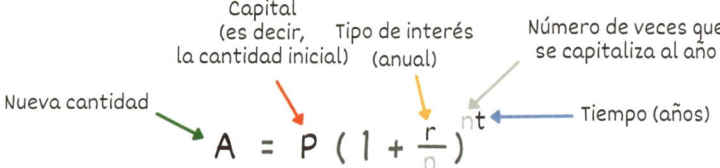

$$A = P \left(1 + \frac{r}{n} \right)^{nt}$$

Nueva cantidad — Capital (es decir, la cantidad inicial) — Tipo de interés (anual) — Número de veces que se capitaliza al año — Tiempo (años)

Introduzcamos en la fórmula r = 20%, n = 1 (crece un 20% anual) y t = 3 (la inversión en 3 años). Son números estimados, fáciles de usar. De ahí lo de «matemática de servilleta».

$$A = 100.000 \times 1{,}2^3$$

En lugar de calcular $1{,}2^3$, resolvamos 12^3 y dividámoslo por 1.000. Esto funciona porque $12^3 = (10 \times 1{,}2)^3 = 10^3 \times 1{,}2^3$. ¿Y cómo calcula 12^3 mentalmente? Lo hicimos en el primer ejemplo de este capítulo, pero pruébelo usted solo esta vez y después compruebe su respuesta con el ejemplo de la página 153.

Con ello, habrá completado el truco más difícil de todo el libro. Ahora que lo domina, todo lo demás le parecerá fácil en comparación. ¡Muy buen trabajo!

○ ¡Conviértase en una calculadora de raíces cuadradas!

¿Cansado de depender de la calculadora para hacer las raíces cuadradas? Seguro que conoce los cuadrados perfectos como 4, 9, 16 y 25 al dedillo, pero ¿qué pasa con esos difíciles cuadrados no perfectos, como 3, 27 o 105? Pues bien, tengo un truco divertido para ayudarle a calcular la raíz cuadrada de cualquier número. Una pequeña advertencia: necesitará conocer los cuadrados perfectos. Aquí tiene un pequeño recordadorio.

$$1^2 = 1$$
$$2^2 = 4$$
$$3^2 = 9$$
$$4^2 = 16$$
$$5^2 = 25$$
$$6^2 = 36$$
$$7^2 = 49$$
$$8^2 = 64$$
$$9^2 = 81$$

Utilizando estos cuadrados perfectos, descubramos la raíz cuadrada de 27.

$$\sqrt{27}$$

Pasos

1 Primero pregúntese: «¿Cuál es el cuadrado perfecto más próximo por debajo de 27?». Es el 25, de 5^2 (no 36 de 6^2 porque buscamos un cuadrado perfecto inferior a 27). Escriba $\sqrt{25}$ al lado de $\sqrt{27}$.

$$\sqrt{27} \quad \sqrt{25}$$

2 Hallemos ahora la parte entera de nuestra respuesta calculando la raíz cuadrada del cuadrado perfecto que acaba de escribir ($\sqrt{25} = 5$).

$$\sqrt{27} \quad \sqrt{25} \quad 5$$

3 La siguiente parte de la respuesta será siempre una fracción. Para hallar el numerador, reste el cuadrado perfecto que anotó (25) del número original (27), para obtener $27 - 25 = 2$.

$$27 - 25$$
$$\downarrow$$
$$\sqrt{27} - \sqrt{25} \quad 5\,\frac{2}{}$$

4 Para hallar el denominador (la parte de abajo), doble la parte del número entero ($5 \times 2 = 10$).

$$5\,\frac{2}{10}$$
$$\uparrow$$
$$5 \times 2$$

5 ¡Eso es todo! También puede simplificar su fracción (yo suelo convertir mi respuesta en un decimal).

$$5\,\frac{2}{10} = 5\,\frac{1}{5} = 5{,}2$$

Acaba de calcular mentalmente la raíz cuadrada de 27, que es 5,2. Sin embargo, tenga en cuenta que se trata de una aproximación. Todas las raíces cuadradas de cuadrados no perfectos darán decimales irracionales que continúan de forma infinita. Vamos a comprobarlo utilizando la calculadora: ($\sqrt{27}$ = 5,1961524227066311880582339...). Nuestro 5,2 es una buena aproximación.

Práctica

$$\sqrt{10} \qquad \sqrt{52} \qquad \sqrt{93}$$

¿Por qué funciona esto?

Podemos representar cualquier número cuadrado no perfecto como $N = a^2 + b$, donde «a» es la raíz del cuadrado perfecto más próximo por debajo de N, y «b» es la cantidad extra añadida al cuadrado perfecto para que dé N. En nuestro ejemplo, N = 27, a = 5 y b = 2. Otro ejemplo: si N = 85, entonces a = 9 y b = 4. Ahora reorganicemos la ecuación y pasemos a resolver ($b = N - a^2$).

$$N = a^2 + b$$
$$b = N - a^2$$

Sigamos con ello y resolvamos $\sqrt{N}$. Cambiaremos y reorganizaremos los términos, así que preste mucha atención. Primero factorizaremos ($N - a^2$) como ($\sqrt{N} + a$) ($\sqrt{N} - a$), luego dividiremos ambos lados por ($\sqrt{N} + a$) y, por último, sumaremos «a» a ambos lados.

$$b = N - a^2$$

$$b = (\sqrt{N} + a)(\sqrt{N} - a)$$

$$(\sqrt{N} - a) = \frac{b}{(\sqrt{N} + a)}$$

$$\sqrt{N} = a + \frac{b}{(\sqrt{N} + a)}$$

(continúa)

Si se está preguntando cómo factoricé $(N - a^2)$ como $(\sqrt{N} + a)$ $(\sqrt{N} - a)$, esta es la explicación. Hay varias formas de abordar esta factorización y no existe un procedimiento fijo, todo es cuestión de prueba y error. Lo primero que observé fue que a^2 tiene un signo negativo delante. Esto significa que uno de nuestros factores será positivo y otro negativo. $(\_\_ + \_\_)(\_\_ - \_\_)$. Después me pregunté: «¿Qué dos valores (aparte del 1) se multiplican entre sí para dar N?». Bueno, $\sqrt{N} \times \sqrt{N} = N$, así que sabemos que $(\sqrt{N} + \_\_)(\sqrt{N} - \_\_)$. Finalmente me pregunté: «¿Qué dos valores (aparte del 1) se multiplican para dar a^2?». Sabemos que $a \times a = a^2$, y esto se convierte en $(\sqrt{N} + a)(\sqrt{N} - a)$. Podemos multiplicar todos los términos de cada binomio para comprobar que lo hemos factorizado correctamente: $\sqrt{N}\sqrt{N} + a\sqrt{N} - a\sqrt{N} + (a)(-a) = N - a^2$.

Bien, volvamos a ver por qué esto funciona. Fíjese en $(\sqrt{N} + a)$ en el denominador. Como $\sqrt{N}$ siempre será un número irracional muy cercano al valor de «a», podemos estimar que $(\sqrt{N} + a) = 2a$.

$$\sqrt{N} = a + \frac{b}{(\sqrt{N} + a)}$$

$$\sqrt{N} = a + \frac{b}{2a}$$

Ahora vamos a sustituir «b» por $(N - a^2)$ y daremos un paso atrás. ¿Le resulta familiar la ecuación? Los tres pasos que empleamos para estimar $\sqrt{27}$ siguen esta ecuación. Si sustituye a = 5 y N = 27, verá que son los mismos pasos que seguimos antes. Sé que es mucha información para asimilar, pero enhorabuena por perseverar y seguir conmigo. ¡Lo está haciendo de maravilla!

$$\sqrt{N} = a + \frac{N - a^2}{2a}$$

$$\sqrt{N} = 5 + \frac{27 - 25}{2 \times 5} = 5\frac{2}{10} = 5\frac{1}{5} = 5.2$$

¿Cuánto mide su cuarto de baño?

Está examinando el plano de su cuarto de baño. Indica que mide 105 pies cuadrados (9,75 m²) y que su forma es prácticamente cuadrada. ¿Podría instalar una bañera a lo largo de una de las paredes si esta mide 5 pies (1,52 m) de largo?

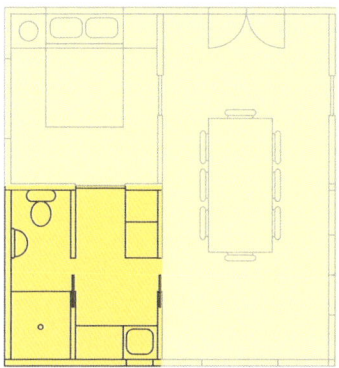

105 pies cuadrados

Para resolverlo, calculemos la raíz cuadrada de 105. El número cuadrado más próximo inferior a 105 es 100 (10²). Esto significa que la parte del número entero será 10. El numerador será 5 (**105 - 100**), el denominador 20 (**10 x 2**) y nuestra respuesta final es 10 y ⁵⁄₂₀ pies (3,12 m). Esto significa que podrá instalar la bañera en su cuarto de baño.

○ Calcular mentalmente raíces complicadas, como $\sqrt{6.724}$

¿Quiere calcular mentalmente raíces enormes como $\sqrt{529}$, $\sqrt{6.724}$ y $\sqrt{9.801}$? Este es un truco matemático mental que le permitirá calcular la raíz cuadrada de cualquier cuadrado perfecto. Todo lo que precisa saber son los cuadrados perfectos del 1 al 9.

$$1^2 = 1$$
$$2^2 = 4$$
$$3^2 = 9$$
$$4^2 = 16$$
$$5^2 = 25$$
$$6^2 = 36$$
$$7^2 = 49$$
$$8^2 = 64$$
$$9^2 = 81$$

Para este ejemplo, calculemos la raíz cuadrada de 6.724.

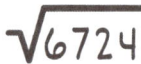

○ ○

Pasos

1 En primer lugar, divida el número debajo del símbolo de raíz cuadrada en dos partes. La de la derecha incluirá los dos últimos dígitos, y la de la izquierda todo lo demás. Por ejemplo, 6.724 se dividirá en 67|24, mientras que un número de tres cifras como 529 quedaría así: 5|29.

67|24

2 Centrémonos ahora en la sección izquierda de nuestro número (67). ¿Entre qué dos cuadrados perfectos se encuentra el 67? Entre $8^2 = 64$ y $9^2 = 81$. Tome el número menor de los dos (8 en este caso) y ese será el primer dígito de su respuesta.

$$6^2 = 36$$
$$7^2 = 49$$
$$\textcircled{8}^2 = 64 \quad \leftarrow 67$$
$$9^2 = 81$$

$$\underline{67}\,\underline{24} = 8$$

3 Pasemos a la sección derecha de nuestro número (24) y observemos el último dígito (4). Aquí es donde la cosa se pone interesante. Piense en todos los cuadrados que ha memorizado. ¿Qué cuadrado perfecto termina en el mismo número que el suyo (4)? Tanto $2^2 = 4$ y $8^2 = 64$ acaban en un 4. Uno de ellos (2 u 8) será el segundo dígito de su respuesta, así que anótelos ambos y en el próximo paso decidiremos con cuál quedarnos.

$$1^2 = 1$$
$$\rightarrow 2^2 = \textcircled{4}$$
$$3^2 = 9$$
$$4^2 = 16$$
$$5^2 = 25$$
$$6^2 = 36$$
$$7^2 = 49$$
$$\rightarrow 8^2 = 6\textcircled{4}$$
$$9^2 = 81$$

$$\underline{67}\,\underline{2\textcircled{4}} = 8\,\underline{}$$

$$\uparrow$$
$$2 \text{ o } 8$$

4 Es hora de elegir el segundo dígito de nuestra respuesta (2 u 8). Eche-mos un vistazo rápido a nuestro primer dígito (8). Para ayudarnos a decidir, multiplicaremos este dígito por uno más que él mismo (*8 x 9 = 72*) y compararemos 72 con el número de la primera sección (el 67 de 6.724). ¿Es 67 mayor o menor que 72? Es menor. Así que elegiremos el menor entre 2 y 8 para nuestra respuesta.

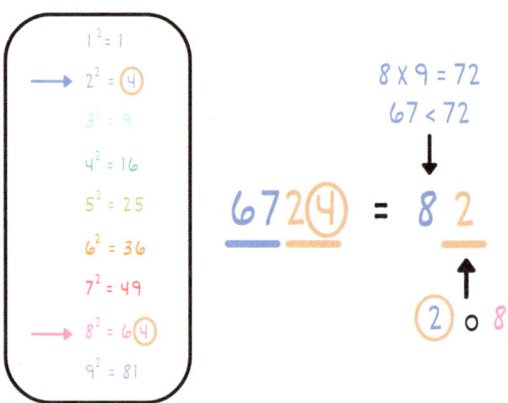

¡Y ya está! Al elegir con cuidado el 2 —entre el 2 y el 8— llegamos a la respuesta final de $\sqrt{6.724} = 82$. Es como resolver un enigma, ¿no le parece?

$$6724 \quad = \quad 82$$

Práctica

$\sqrt{169}$

$\sqrt{1521}$

$\sqrt{9216}$

¿Por qué funciona esto?

Una vez memorizados 1^2, 2^2, 3^2, 4^2, 5^2, 6^2, 7^2, 8^2 y 9^2, sabrá también los cuadrados de 10^2, 20^2, 30^2, 40^2, 50^2, 60^2, 70^2, 80^2 y 90^2. Por ejemplo, ¿sabía que $2^2 = 4$ y que $20^2 = 400$? ¿O que $5^2 = 25$ y $50^2 = 2.500$? ¿Y qué hay de $8^2 = 64$ y $80^2 = 6.400$? ¿Reconoce el patrón? Los cuadrados de los números de dos cifras simplemente tienen un 00 al final porque son 100 veces más grandes.

Veamos ahora cómo resolvimos nuestro ejemplo de $6.724 = 82^2$. ¿Está de acuerdo conmigo en que 82^2 queda entre 80^2 y 90^2? En el primer paso solo nos centramos en el 67 de 6724 y lo aislamos como 6700. Como 6700 queda entre 6400 (80^2) y 8100 (90^2), sabemos que el primer dígito debe ser 8 (el 8 del 82 representa 80 porque se encuentra en el lugar del dígito de las decenas).

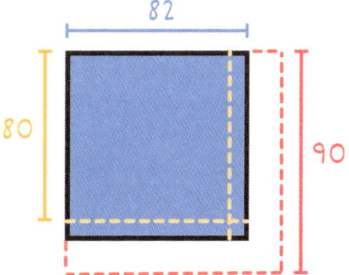

Prosigamos. ¿Por qué el dígito de las unidades de 6724 es igual que el dígito de las unidades de nuestro número al cuadrado? Con un poco de álgebra lo simplificaremos. Podemos expresar nuestro número de dos cifras como $10a + b$, donde «a» es el dígito de las decenas y «b» el de las unidades (a = 8 y b = 2 en el caso del 82). Si ahora elevamos al cuadrado nuestro número y multiplicamos los binomios, obtenemos $(10a + b)^2 = (10a + b)(10a + b) = 100a^2 + 20ab + b^2$. ¿Ve como todos los términos excepto b^2 tienen delante un coeficiente que es una potencia de 10? Esto significa que solo b^2 afectará al dígito de las unidades de nuestro número cuadrado. Es por ello que el dígito de las unidades de 6724 debe ser igual al dígito de las unidades de $2^2 = 4$. Interesante, ¿no le parece?

Cómo comprar un monitor de ordenador sin equivocarse

¿Ha comprado alguna vez un monitor de ordenador? Si es así, habrá visto que su tamaño se expresa según su longitud diagonal, no por la altura y la anchura.

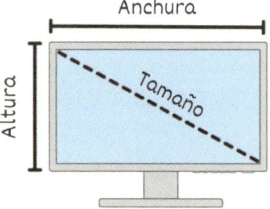

Por ejemplo, si ha comprado un monitor que mide 12,35 pulgadas (31,4 cm) de alto y 24 pulgadas (61 cm) de ancho, puede calcular la diagonal del monitor según el teorema de Pitágoras. El teorema dice que en un triángulo rectángulo, la suma del cuadrado de los dos lados más cortos (a y b) es igual al cuadrado de la longitud del lado más largo, llamado *hipotenusa* (c).

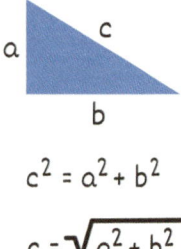

$$c^2 = a^2 + b^2$$

$$c = \sqrt{a^2 + b^2}$$

Si los lados del ordenador son a = 24 pulgadas y b = 12,35 pulgadas, podemos calcular la longitud de la diagonal del monitor como $c = \sqrt{(24^2 + 12.35^2)} \approx \sqrt{729}$.

Ahora viene lo divertido. ¿Cómo resolver $\sqrt{729}$ sin una calculadora? Igual que antes, descompongamos 729 en 7|29. El 7 se encuentra entre $2^2 = 4$ y $3^2 = 9$, así que elegimos el número más bajo —el 2— para la primera parte de nuestra respuesta. Para la segunda parte nos concentraremos en el último dígito, el 9. Observando nuestros cuadrados perfectos, veremos que tanto $3^2 = 9$ como $7^2 = 49$ acaban en 9, así que el segundo dígito de nuestra respuesta será 3 o 7. Para determinar cuál, retrocedemos al primer dígito de la respuesta, el 2, y lo multiplicamos por uno más que sí mismo ($2 \times 3 = 6$). ¿Es 7 mayor o menor que 6? Es mayor. Así que elegimos el número mayor entre 3 y 7, que es el 7. Obtenemos una respuesta final de $\sqrt{729} = 27$. Esto significa que el tamaño de nuestro monitor de ordenador es de 27 pulgadas (68,8 cm).

La magia de la raíz cúbica: de 1 a 999.999

Aquí tiene un truco divertido con el que sorprender a amigos y familiares. Pídale a un amigo que escoja un número entero entre el 1 y el 100 (y que lo mantenga en secreto), y que después lo eleve al cubo utilizando una calculadora. A continuación, pídale que le enseñe el número. En unos instantes usted será capaz de decirle el número original elegido resolviendo mentalmente la raíz cúbica. ¿Está listo para aprender el secreto y dejar a sus amigos con la boca abierta?

Para realizar este truco tiene que recordar el cubo de los números que van del 1 al 9. No es difícil memorizarlos y es algo que merece la pena.

$$1^3 = 1$$
$$2^3 = 8$$
$$3^3 = 27$$
$$4^3 = 64$$
$$5^3 = 125$$
$$6^3 = 216$$
$$7^3 = 343$$
$$8^3 = 512$$
$$9^3 = 729$$

Si su amigo eleva al cubo un número entre el 1 y el 9, al momento sabrá qué número eligió. Si el número elegido se encuentra entre el 10 y el 99, esto es lo que hará. Para nuestro ejemplo, supongamos que su amigo eligió $72^3 = 373.248$.

$$\sqrt[3]{373.248}$$

Pasos

1 Cuando eleva al cubo un número entre el 10 y el 99, siempre quedará entre 1.000 y 999.999. En este primer paso solo se concentrará en los dígitos a la izquierda del punto (todo lo que está a la izquierda de los tres últimos dígitos). Por ejemplo, en el caso de 373.248, nos centra-remos solo en el 373. Ahora piense en los cubos que antes memorizó. ¿Entre qué dos cubos se encuentra 373? Entre 7^3 = **343** y 8^3 = **512**. Tome el menor de los dos, en este caso el 7, y este será el primer dígi-to de su respuesta.

$$5^3 = 125$$
$$6^3 = 216$$
$$\boxed{7}^3 = 343 \qquad 373\,248 = 7$$
$$8^3 = 512$$
$$9^3 = 729$$

2 A continuación, hallará el segundo dígito de la respuesta. Para ello, concéntrese en el último dígito de su número (el 8 de 373.248). Ahora piense en los cubos que memorizó antes. ¿Qué cubo acaba en el mismo número que el suyo? Tanto 2^3 = **8** como 373.248 acaban en 8, así que el último dígito de su respuesta será 2. Como cada cubo acaba en un número único, solo debería haber uno que encaje. Con estos dos pasos puede calcular mentalmente y decirle a su amigo que la raíz cúbica de 373.248 es 72.

$$1^3 = 1$$
$$2^3 = \boxed{8}$$
$$3^3 = 27$$
$$4^3 = 64$$
$$5^3 = 125 \qquad 373\,24\,\boxed{8} = 72$$
$$6^3 = 216$$
$$7^3 = 343$$
$$8^3 = 512$$
$$9^3 = 729$$

Práctica

$$\sqrt[3]{1.331} \qquad \sqrt[3]{148.877} \qquad \sqrt[3]{912.673}$$

¿Por qué funciona esto?

Una vez memorizados los cubos de 1^3, 2^3, 3^3, 4^3, 5^3, 6^3, 7^3, 8^3 y 9^3, también habrá memorizado los de 10^3, 20^3, 30^3, 40^3, 50^3, 60^3, 70^3, 80^3 y 90^3. Por ejemplo, **2^3 = 8** mientras que **20^3 = 8.000**. De modo similar, **5^3 = 125** y **50^3 = 125.000**. Y **8^3 = 512** mientras que **80^3 = 512.000**. ¿Reconoce el patrón? Los cubos de los números de dos dígitos tendrán un 000 extra al final porque son 1.000 veces más grandes.

Ahora veamos cómo resolvimos nuestro ejemplo **373.248 = 72^3**. ¿Está de acuerdo conmigo en que 72^3 queda entre 70^3 y 80^3? Del mismo modo, 57^3 está situado entre 50^3 y 60^3 y 18^3 entre 10^3 y 20^3. En el primer paso nos centramos únicamente en el 37^3 de 373.248 y lo aislamos como 373.000. Como 373.000 queda entre 343.000 (70^3) y 512.000 (80^3), sabemos que el primer dígito debe ser 7 (el 7 del 72 representa 70 porque se halla en el lugar de las decenas).

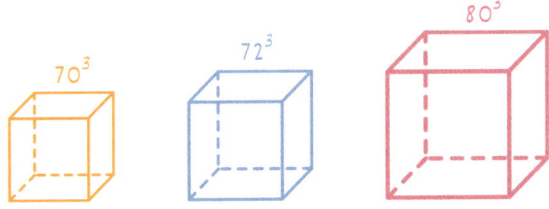

Pasemos a lo que hicimos en el segundo paso. ¿Por qué el dígito de las unidades de 373.248 coincide con el dígito de las unidades del cubo de nuestro número? Representemos mediante álgebra nuestro número de dos cifras como **$10a + b$**, donde «a» es el dígito de las decenas y «b» el de las unidades (a = 7 y b = 2). Si ahora elevamos nuestro número al cubo y multiplicamos los binomios, obtenemos **$(10a+b)^3 = 1.000a^3 + 300a^2b + 30ab^2 + b^3$**. Fíjese en que todos los términos excepto b^3 tienen delante un coeficiente que es una potencia de 10. Esto significa que solo b^3 afectará al dígito de las unidades de nuestro número elevado al cubo. Por tanto, el número de las unidades de 373.248 debe ser igual al número de las unidades de **2^3 = 8**.

Un batiburrillo de trucos

¡Bienvenido a la gran final de los trucos matemáticos! Este capítulo es un batiburrillo de trucos que cubren una variedad de conceptos matemáticos y ejemplos de la vida real. Prepárese para comparar fracciones en segundos, demostrar que 1 es lo mismo que 0,999..., y repetir y dominar el arte de doblar y triplicar su dinero.

¡Y eso no es todo! También aprenderemos a detectar una tarjeta de crédito falsa, a predecir el día de la semana y a explorar uno de los patrones más misteriosos del mundo de las matemáticas. Los trucos de este capítulo pueden parecer aleatorios al principio, pero tienen un denominador común: le dejarán con la boca abierta y le recordarán lo emocionante que puede resultar la matemática. Adentrémonos en ellos y descubramos la magia.

¿Qué fracción es mayor?

Imagínese que está viendo un partido de baloncesto.

El equipo local tiene una impresionante tasa de acierto en triples de 5 de cada 8 intentos (⅝), mientras que el equipo visitante tiene éxito 4 de cada 7 veces (⁴⁄₇). Entonces, la pregunta es: ¿qué equipo tiene mejor porcentaje de aciertos en tiros de larga distancia?

$$\frac{5}{8} \text{ vs } \frac{4}{7}$$

No queda claro qué equipo va ganando solo con ver ⅝ y ⁴⁄₇, ¿verdad? Pues bien, tenemos un truco fácil y rápido que le ayudará a determinar cuál de estas fracciones es mayor en menos de diez segundos.

⦿ ⦿

Pasos

(1) En primer lugar, tome el número de arriba de la primera fracción (5) y el número de abajo de la segunda fracción (7). Multiplíquelos (**5 x 7 = 35**) y anote 35 sobre la primera fracción.

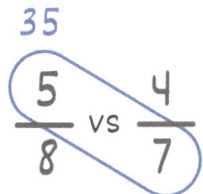

A continuación, tome el número de arriba de la segunda fracción (4) y el número de abajo de la primera fracción (8). Multiplíquelos (4 x 8 = 32) y anote 32 sobre la segunda fracción.

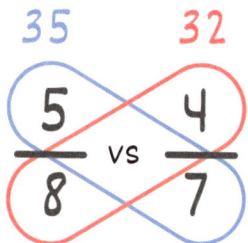

 ¿Cuál de los dos números anotados es mayor, 35 o 32? Está claro que el 35. Esto significa que la fracción bajo el 35 es la mayor. Así pues, en nuestro ejemplo, ⅝ es mayor que ⁴⁄₇ y el equipo local va por delante del visitante.

¡Más grande!
↓

$$\frac{5}{8} \text{ vs } \frac{4}{7}$$

¡Sigamos jugando! ¿Qué fracción es mayor: ⁴⁄₇ o ⁷⁄₁₁?

$$\frac{4}{7} \text{ vs } \frac{7}{11}$$

Calcúlelo y después compruebe cómo hacerlo:

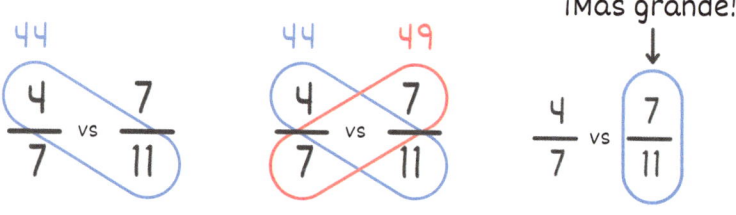

Práctica

¿Qué fracción es más grande?

$\frac{2}{3}$ o $\frac{7}{12}$ $\frac{4}{5}$ o $\frac{11}{13}$ $\frac{14}{20}$ o $\frac{120}{180}$

¿Por qué funciona esto?

Este truco puede parecer un poco complicado al principio, pero la idea que hay detrás es muy sencilla. Empecemos con un ejemplo. ¿Puede decirme cuál de estas fracciones es mayor: $\frac{5}{9}$ o $\frac{8}{9}$? ? Es fácil, ¿verdad? Sabe que $\frac{8}{9}$ es más grande solo con mirarla, porque los denominadores de ambas fracciones son los mismos y es fácil ver que el numerador es mayor.

Esta es la clave del truco. Vayamos con el primer ejemplo.

$$\frac{5}{8} \text{ vs } \frac{4}{7}$$

Cuando multiplicamos nuestros números, secretamente estábamos haciendo que los denominadores de ambas fracciones fueran los mismos. No escribimos los nuevos denominadores durante el truco, pero construimos ambas fracciones a partir de 56.

$$\frac{5 \times 7}{8 \times 7} \text{ vs } \frac{4 \times 8}{7 \times 8}$$

	$\frac{5}{8}$		$\frac{4}{7}$
↓	$\frac{35}{56}$	↓	$\frac{32}{56}$

Ahora que comparamos fracciones divididas en el mismo número de partes, podemos comparar fácilmente sus numeradores.

$$\frac{35}{56} \text{ vs } \frac{32}{56}$$

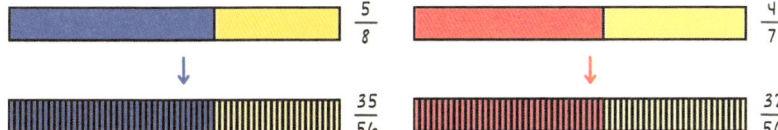

Aquí tiene algo que le hará cuestionarse todo lo que creía saber sobre matemáticas. ¿Sabía que el decimal repetido 0,999… es igual a 1? Puede parecer imposible, pero siga leyendo y le mostraré por qué.

$$1 = 0,99999999999\text{...}$$

Examinemos las fracciones $\frac{1}{3}$ y $\frac{2}{3}$. Si las sumamos obtenemos $\frac{1}{3} + \frac{2}{3} = \frac{3}{3} = 1$. Pero ¿qué pasa cuando las sumamos en forma decimal? $0,333\text{...} + 0,666\text{...} = 0,999\text{...}$

$$+ \begin{array}{l} \frac{1}{3} = 0,33333\text{...} \\ \frac{2}{3} = 0,66666\text{...} \\ \hline \frac{3}{3} = 0,99999\text{...} \end{array}$$

Y este es tan solo un ejemplo. Ocurre lo mismo con otras fracciones.

$$+ \begin{array}{l} \frac{1}{11} = 0,090909\text{...} \\ \frac{10}{11} = 0,909090\text{...} \\ \hline \frac{11}{11} = 0,999999\text{...} \end{array}$$

Si todavía no está convencido de que $0,999\text{...} = 1$, probemos con un poquito de álgebra.

○ ○

Pasos

① Pongamos que a = 0,999…

$$a = 0,999\text{...}$$

(2) Multipliquemos ambos lados de la ecuación por 10. Esto nos dará
$10a = 9{,}999\ldots$

$$a = 0{,}999\ldots$$
$$10a = 9{,}999\ldots$$

(3) Aquí es donde las cosas se ponen interesantes. ¿Está de acuerdo conmigo en que 9,999… es lo mismo que $9 + 0{,}999\ldots$?

$$a = 0{,}999\ldots$$
$$10a = 9{,}999\ldots$$
$$10a = 9 + 0{,}999\ldots$$

(4) Como $0{,}999\ldots = a$, sustituyamos el 0,999… por una «a».

$$a = 0{,}999\ldots$$
$$10a = 9{,}999\ldots$$
$$10a = 9 + 0{,}999\ldots$$
$$10a = 9 + a$$

(5) Pongamos todas las «a» en el lado izquierdo de la ecuación. Podemos hacerlo restando ambos lados por «a». Nuestra ecuación se convierte en $9a = 9$.

$$a = 0{,}999\ldots$$
$$10a = 9{,}999\ldots$$
$$10a = 9 + 0{,}999\ldots$$
$$10a = 9 + a$$
$$-a \qquad -a$$
$$9a = 9$$

(6) Dividiendo ambos lados entre 9, acabamos con a = 1. Pero espere, al principio dijimos que $a = 0{,}999\ldots$ Pues será que 1 y 0,999… deben de ser la misma cosa.

$$a = 0{,}999\ldots$$
$$10a = 9{,}999\ldots$$
$$10a = 9 + 0{,}999\ldots$$
$$10a = 9 + a$$
$$-a \qquad -a$$
$$9a = 9$$
$$a = 1$$

¿Todavía no se siente cómodo con ello?

Acabamos de encontrarnos con una revelación asombrosa: 0,999…
es lo mismo que 1, y esto es completamente cierto en nuestro
mundo de los números. Pero ¿y si le dijera que existe toda una nueva
dimensión de números esperando a ser explorada? Le presento
el misterioso mundo de los números hiperreales. Un lugar donde
los números pueden ser infinitamente grandes o infinitamente
pequeños, donde lo imposible se vuelve posible. En nuestro
mundo, estos números pueden parecer insignificantes, pero en
el mundo hiperreal son una historia completamente distinta.

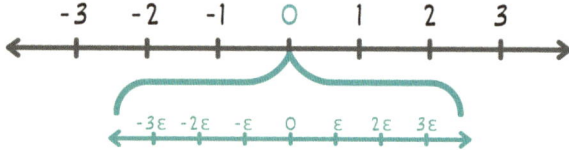

Imagínese un mundo en el que las cosas más diminutas contienen
un universo en su interior. El mundo de los números hiperreales
es un lugar similar al reino microscópico de los átomos sobre
el que aprendió en clase de química. Observe a su alrededor:
el mundo que ve con los ojos es solo la punta del iceberg. En
nuestro mundo, un grano de arena puede parecer insignificante,
pero en el reino microscópico, contiene un universo entero de
50.000.000.000.000.000.000 átomos.

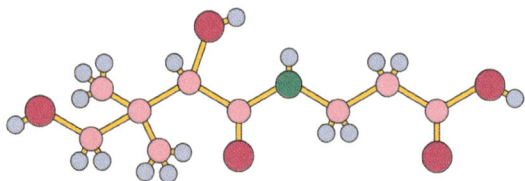

Entonces, en esta dimensión hiperreal, 0,999… y 1 son números
distintos y singulares, pero en el mundo de los números en el que
vivimos, 0,999… y 1 nos parecen idénticos.

⦿ Invertir 101: qué hacer para doblar su dinero

¿Ha invertido dinero alguna vez? Algún día puede que desee hacerlo, así que aquí tiene un truco que le resultará útil.

Imagínese que se aventura en el mundo de las inversiones y que decide depositar su dinero en un fondo como el S&P 500, que históricamente ha ofrecido una tasa media de rentabilidad constante del 10% anual. Esto significa que si hoy invierte 100 $, esta cantidad aumentará hasta 110 $ el año próximo (100 $ x 110% = 110 $), 121 $ al siguiente (110 $ x 110% = 121 $), y así sucesivamente. Pero ¿alguna vez se ha parado a pensar cuánto tardaría en doblar su inversión inicial? No se preocupe por sacar la calculadora; existe un truco muy sencillo para calcularlo mentalmente.

La regla del 72

$$\text{Tiempo de duplicación} = \frac{72}{\text{Tasa de rentabilidad}}$$

● ○ ● ○ ● ○ ● ○ ● ○ ● ○ ● ○ ● ○ ● ○ ● ○ ● ○ ● ○ ● ○ ● ○ ●

Pasos

1 Divida el número 72 por la tasa de rentabilidad de su inversión (también conocida como tasa de interés), y asegúrese de expresar la tasa de rentabilidad como porcentaje. Entonces, si este es de un 10%, escriba 10 y no 0,1.

La regla del 72

$$\text{Tasa de rentabilidad} = 10\%$$

$$\text{Tiempo de duplicación} = \frac{72}{10}$$

Resuelva el problema y sabrá cuanto tiempo tardará en doblar su dinero. En este ejemplo, tardará 7,2 años en duplicarse.

$$\text{Tiempo de duplicación} = \frac{72}{10} = 7,2 \text{ años}$$

Este útil truco no se limita a las inversiones. También puede emplearlo para calcular cuánto tardará en pagar una deuda a una cierta tasa de interés. Imagine que pide prestado dinero a un interés del 12%, pero que no hace ningún pago para devolverlo. ¿Cuánto tardará en duplicar-se su deuda? Es sencillo: utilice el truco de 72 dividido entre 12 igual a 6 años. Así que, en 6 años, su deuda se habrá doblado si no realiza ningún pago. Muy revelador, ¿no le parece?

Práctica

¿Cuánto tardará en duplicar su dinero con una tasa de rentabilidad del 36%?

Si su dinero se duplica en 12 años, ¿cuál es la tasa de rentabilidad?

¿Por qué funciona esto?

La regla del 72 es una aproximación rápida y fácil que le ayuda a estimar el crecimiento de su dinero basándose en la fórmula de crecimiento exponencial ($VF = VP*(1+r)^t$) donde VF es el valor futuro, VP el valor presente, «r» es la rentabilidad y «t» es el tiempo. Si su objetivo es doblar su dinero, entonces VF/VP = 2 y la ecuación se simplifica a $2 = (1+r)^t$. Este es un gráfico que le ayuda a visualizarlo. Compruebe como las diferentes tasas de rentabilidad afectan al tiempo que tarda en duplicar su dinero según VF/VP = 2.

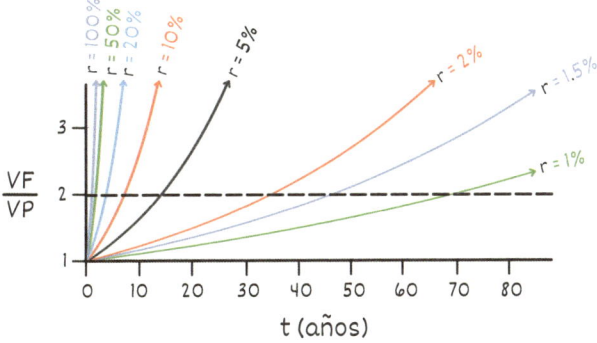

Para hallar «t» debemos tomar el logaritmo natural de ambos lados de la ecuación (porque «t» es un exponente) para obtener $t = \ln(2)/\ln(1 + r)$. Ahora es cuando entra en juego la aproximación: $\ln(1 + r) = r$ y $\ln(2) = 0{,}693$ para obtener nuestra ecuación $t = 0{,}693/r$. Entonces podemos multiplicar numerador y denominador por 100 para obtener $t = 69{,}3/r$, donde «r» se expresa como porcentaje. ¡Pero espere! ¿Por qué obtuvimos 69,3 y no 72? Pues porque 72 se divide fácilmente entre muchas tasas comunes (como 1, 2, 3, 4, 5, 6, 8, 9 y 12); es mucho más fácil dividir 72 en lugar de 69,3 en nuestra cabeza, así que el 72 se ha popularizado como valor de referencia para estimar el tiempo de duplicación. Al fin y al cabo, ¡hablamos de una aproximación!

○ Olvídese de doblarlo, ¡triplique su dinero!

Ha descubierto el secreto de doblar su dinero, pero ¿por qué detenerse allí? Apunte hacia lo más alto ¡y aprenda a triplicarlo!

Igual que antes, supongamos que invierte su dinero en Bolsa con una tasa de rentabilidad media del 10% anual. Utilizando la regla del 72, sabemos que tardaría 7,2 años en doblar su inversión. Pero ¿y si le dijera que existe una forma rápida de estimar el tiempo que tardaría en triplicarse su inversión? ¡Le presento la regla del 115!

Regla del 115

$$\text{Tiempo de triplicación} = \frac{115}{\text{Tasa de rentabilidad}}$$

Pasos

① Tome el número mágico de 115 y divídalo por la tasa de rentabilidad de su inversión. Asegúrese de expresarla como un porcentaje (10% en lugar de 0,1).

Regla del 115

$$\text{Tasa de rentabilidad} = 10\%$$

$$\text{Tiempo de triplicación} = \frac{115}{10}$$

2 Calcule lo siguiente para obtener su respuesta. En este ejemplo, su dinero tardaría 11,5 años en triplicarse.

$$\text{Tiempo de triplicación} = \frac{115}{10} = 11,5 \text{ años}$$

Esto es algo en lo que puede pensar a lo largo de toda su vida. Con una tasa de rentabilidad del 10% sobre su inversión, su dinero tardó 7,2 años en doblarse, pero en solo 4,3 años más (11,5 en total), ¡se triplicó! Y lo emocionante no acaba aquí: en 3 años más, su dinero se cuadruplicará, y en 2,3 años más, se quintuplicará. El tiempo que tarda en aumentar es menor cada año. Este es el poder del interés compuesto y es una de las principales razones por las que debería empezar a ahorrar y a invertir su dinero lo antes posible. Póngalo en práctica y observe cómo su dinero crece de forma exponencial.

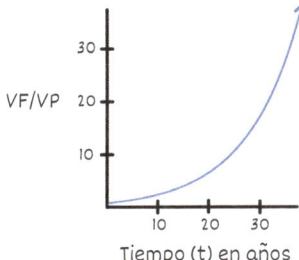

Práctica

¿Cuánto tiempo tardará en triplicarse su dinero con una tasa de rentabilidad del 23%?

Si su dinero se duplicó en 14,4 años, ¿cuántos años tardará en triplicarse?

¿Por qué funciona esto?

La regla del 115 es una potente herramienta que le ayudará a alcanzar sus objetivos financieros. Al igual que la regla del 72, se basa en la fórmula de crecimiento exponencial (**VF = VP*(1 + r)^t**), donde VF es el valor futuro, VP el valor presente, «r» es la rentabilidad y «t» es el periodo de tiempo. Cuando triplica su dinero, es **VF/VP = 3** y la ecuación se simplifica a $3 = (1 + r)^t$. Eche un vistazo a este gráfico; le muestra cómo su dinero aumenta según las diferentes tasas de rentabilidad. Cuanto más elevada esta, más rápido se triplicará su dinero según **VF/VP = 3**.

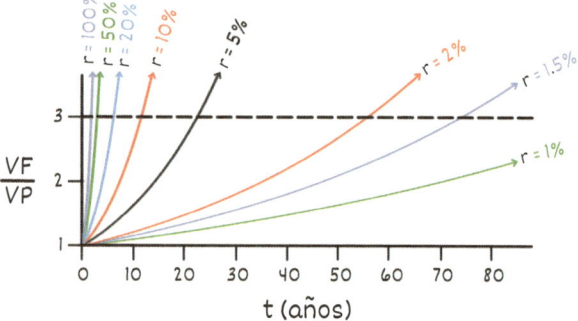

Para resolver «t» tenemos que tomar el logaritmo natural de ambos lados de la ecuación para obtener **t = ln(3)/ln(1 + r)**. Ahora es cuando entra en juego la magia de la aproximación: **ln(1 + r) = r** y **ln(3) = 1,0986** para obtener nuestra ecuación t= 1,0986/r. Entonces podemos multiplicar numerador y denominador por 100 para obtener **t = 109,86/r**, donde «r» se expresa como porcentaje. Pero podría preguntarse por qué obtuvimos 109,86 en lugar de 115. Pues bien, la respuesta es sencilla: 115 se puede dividir fácilmente entre varios números, lo que lo convierte en una elección popular entre los inversores como aproximación.

O El truco del viajero del tiempo

¿Está listo para emprender un viaje por el tiempo? Imagínese ser capaz de impresionar a sus amigos pidiéndoles que elijan una fecha del pasado o del futuro y, a continuación, decirles en qué día de la semana cae. ¿El secreto? ¡Todo está en los gráficos!

Para tener éxito con este increíble truco, todo lo que tiene que hacer es aprenderse de memoria algunos gráficos. Primero hablemos de los días de la semana

Días de la semana

Domingo	Lunes	Martes	Miércoles	Jueves	Viernes	Sábado
0	1	2	3	4	5	6

A cada día se le asigna un número, haciendo que sea fácil recordarlo. El domingo es el 0, el lunes el 1, etc., hasta llegar al sábado, que es el 6. Eso es todo lo que tiene que saber por ahora; volveremos a este gráfico.

Ahora tenemos el gráfico de los meses.

Código del mes

En	Feb	Mar	Abr	May	Jun	Jul	Ag	Set	Oct	Nov	Dic
0	3	3	6	1	4	6	2	5	0	3	5

Podría estar pensando: «Oh, no, ahora tendré que recordar doce números», pero no se preocupe, no es tan difícil como parece. A mí me gusta desglosar los doce números en grupos de tres: 033, 614, 625, 035. ¿Detecta algún patrón? El primer y el último grupo empiezan por 03 y el segundo y el tercer grupo por 6. Además, los dos últimos dígitos del tercer grupo (2 y 5) avanzan uno más que los del segundo grupo (1 y 4).

Vamos a por los códigos del siglo.

Código del siglo

1600 -1699	1700 -1799	1800 -1899	1900 -1699	2000 -2099	2100 -2199	2200 -2299	2300 -2399
6	4	2	0	6	4	2	0

⟵ ⟶

¡Es sencillo, se lo prometo! Simplemente recuerde los números 6, 4, 2, 0. Este patrón se repite antes de 1600 y también después de 2399.

Con estos tres gráficos en el bolsillo, tiene todo lo que precisa para dominar este truco. Cuando esté listo, respire hondo y sigamos juntos los pasos, poco a poco.

Supongamos que quiere saber qué día de la semana era el 5 de marzo de 2009.

5 de marzo de 2009

Pasos

1 Este truco consta de dos partes. En la primera parte sumamos cinco números cruciales. Y en la segunda empleamos esa suma para saber el día de la semana.

$$\boxed{\text{Día}} + \boxed{\substack{\text{Código} \\ \text{del mes}}} + \boxed{\substack{\text{Código} \\ \text{del siglo}}} + \boxed{\substack{\text{Año (los} \\ \text{dos últimos} \\ \text{dígitos)}}} + \boxed{\substack{\text{Año (los} \\ \text{dos últimos} \\ \text{dígitos)} \\ \div 4}} =$$

2 El primer número que anotará es el día. Para el 5 de marzo, el día es el 5.

$$\boxed{5} + \boxed{\substack{\text{Código} \\ \text{del mes}}} + \boxed{\substack{\text{Código} \\ \text{del siglo}}} + \boxed{\substack{\text{Año (los} \\ \text{dos últimos} \\ \text{dígitos)}}} + \boxed{\substack{\text{Año (los} \\ \text{dos últimos} \\ \text{dígitos)} \\ \div 4}} =$$

3 Añadamos ahora el código mensual. Consultando nuestro gráfico, vemos que el código para el mes de marzo es 3.

En	Feb	Mar	Abr	May	Jun	Jul	Ag	Set	Oct	Nov	Dic
0	3	3	6	1	4	6	2	5	0	3	5

$$5 + 3 + \boxed{\text{Código del siglo}} + \boxed{\text{Año (los dos últimos dígitos)}} + \boxed{\text{Año (los dos últimos dígitos) ÷ 4}} =$$

4 A continuación añadiremos el código del siglo. Como 2009 cae entre 2000 y 2099, el código del siglo será 6.

1600 -1699	1700 -1799	1800 -1899	1900 -1699	2000 -2099	2100 -2199	2200 -2299	2300 -2399
6	4	2	0	6	4	2	0

$$5 + 3 + 6 + \boxed{\text{Año (los dos últimos dígitos)}} + \boxed{\text{Año (los dos últimos dígitos) ÷ 4}} =$$

5 Ahora añadimos los dos últimos dígitos del año, que para 2009 son 09. Añada un 9 en la casilla.

2009

$$5 + 3 + 6 + 9 + \boxed{\text{Año (los dos últimos dígitos) ÷ 4}} =$$

6 Para el último número, tomemos el número que acabamos de añadir (9) y dividámoslo entre 4 ($9 : 4 = 2$ r1). Anote el cociente (2) en su última casilla. No se preocupe por el resto de la división, ignórelo y avance hasta el paso siguiente.

$$5 + 3 + 6 + 9 + 2 =$$

$9 ÷ 4 = 2$ R1

7 Por último, sume los cinco números cruciales que anotó: **5 + 3 + 6 + 9 + 2 = 25**.

$$\boxed{5} + \boxed{3} + \boxed{6} + \boxed{9} + \boxed{2} = 25$$

8 Ha llegado el momento que todos esperábamos: descubrir qué día de la semana era el 5 de marzo de 2009. Tomemos la suma en la que hemos estado trabajando (25) y dividámosla por 7 (**25 : 7 = 3 r4**). Esta vez ignoraremos el cociente y nos quedaremos con el resto. Tome el resto (4) y vea a qué día de la semana corresponde en el gráfico. ¡Era jueves! El 5 de marzo de 2009 era un jueves.

= 25 ÷ 7 = 3 (R4)

Domingo	Lunes	Martes	Miércoles	Jueves	Viernes	Sábado
0	1	2	3	4	5	6

¿Está listo para practicar usted solo? Descubra en qué día de la semana caerá el 9 de octubre de 2215. Tómese su tiempo para consultar los gráficos y compruebe la respuesta. El código del día es 9, el del mes 0, el del siglo 2, los dos últimos dígitos del año son 15 y el cociente de los dos últimos dígitos del año dividido entre 4 es 3. Sume todos estos números: **9 + 0 + 2 + 15 + 3 = 29** y divida **29 : 7 = 4 r1**. Ahora toca comprobar el día de la semana que corresponde al resto de la división (1). ¿Listo para la respuesta? ¡Será un lunes!

$$\boxed{9} + \boxed{0} + \boxed{2} + \boxed{15} + \boxed{3} = 29$$

= 29 ÷ 7 = 4 R1

Domingo	Lunes	Martes	Miércoles	Jueves	Viernes	Sábado
0	1	2	3	4	5	6

Excepciones para los años bisiestos

Ahora que le ha cogido el tranquillo a esto, le diré que existe una excepción: ¡los años bisiestos! Como sabe, los años bisiestos ocurren cada cuatro años, pero cuando su fecha cae en enero/febrero de un año bisiesto, deberá hacer un pequeño ajuste y restar 1 de la suma final. Por ejemplo, calculemos el 3 de enero de 2024. Para ello, lo sumamos todo como de costumbre ($3 + 0 + 6 + 24 + 6 = 39$) y después dividimos la suma entre 7 ($39 : 7 = 5$ r4), pero en lugar de asociar el residuo de 4 con el día de la semana, primero le restamos 1 ($4 - 1 = 3$) y, a continuación, buscamos el día de la semana que corresponde al 3, que es miércoles.

$$\boxed{3} + \boxed{0} + \boxed{6} + \boxed{24} + \boxed{6} = 39$$

$$= 39 \div 7 = 5 \text{ R}4$$

$$= 4 - 1 = \boxed{3}$$

Domingo	Lunes	Martes	Miércoles	Jueves	Viernes	Sábado
0	1	2	3	4	5	6

¿Cómo saber qué año es bisiesto?

Cada cuatro años tenemos un año bisiesto, y la forma de saber qué año es ese es comprobar si los últimos dos dígitos del año son divisibles por 4. Por ejemplo, 2032 es un año bisiesto, pues 32 es divisible por 4 ($32 : 4 = 9$), y 1924 también lo es ($24 : 4 = 6$), pero no el 2022, porque 22 no es divisible por 4. La única excepción es que los años que acaban en dos ceros pero no son divisibles por 400 no son años bisiestos (por ejemplo, 1600, 2000 y 2400 son años bisiestos, pero no el 1700, 1800, 1900, 2100, 2200, 2300 ni 2500).

Pero espere, antes de que empiece a viajar por el tiempo, hay algo más que debe tener en cuenta. Este truco funciona para cualquier fecha siempre y cuando esta sea posterior a 1582. Tal vez se pregunte por qué. El calendario actual que todos conocemos se conoce formalmente como calendario gregoriano, que entró en vigor en octubre de 1582. Antes de esta fecha no existían los años bisiestos. Como la Tierra gira alrededor del Sol cada 365,25 días, un año tiene en realidad 365,25 días, no 365. Para compensar esta diferencia se introdujeron los años bisiestos y así evitar que el calendario se fuera desfasando.

Ahora que conoce el truco, puede impresionar a amigos y familiares diciéndoles el día de la semana del día en que nacieron o cualquier otra fecha especial. Puede incluso utilizar este truco para planificar futuros acontecimientos y asegurarse de que siempre llega a tiempo. ¡Feliz viaje por el tiempo!

Práctica

¿Es capaz de hallar el día de la semana en que cayeron estas famosas fechas históricas?

La Declaración de Independencia de Estados Unidos (4 de julio, 1776)

Albert Einstein nació en el Día de Pi (14 de marzo, 1879)

Neil Armstrong y Buzz Aldrin llegaron a la Luna (20 de julio, 1969)

○ Detectar una tarjeta de crédito falsa

¿Está listo para convertirse en detective y detectar tarjetas de crédito falsas? Es un truco poco conocido, pero es algo que ocurre todos los días, así que ¡resolvamos el caso!

¿Alguna vez ha examinado a fondo una tarjeta de crédito? Todas tienen una serie de números, dieciséis para ser exactos. Estos números pueden parecer aleatorios, pero están lejos de serlo. ¿Cómo distinguiría los dieciséis dígitos de una tarjeta de crédito real de cualquier serie aleatoria de dieciséis números? ¡Este es el secreto!

Pasos

1 En primer lugar, coja papel y lápiz y anote los dieciséis dígitos de su tarjeta de crédito.

4100 2328 8521 1367

2 A continuación, empezando por el primer dígito, multiplique un número sí otro no por 2.

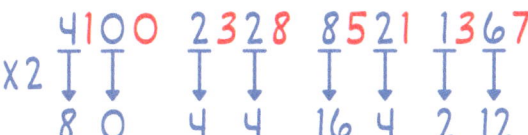

3. Su cualquiera de ellos da 10 o más, redúzcalo a un único dígito sumando las dos cifras (el 16 pasa a ser 7, de $1 + 6 = 7$, y el 12 se convierte en un 3 por $1 + 2 = 3$).

$$4100 \quad 2328 \quad 8521 \quad 1367$$

$$8 \; 0 \quad 4 \quad 4 \quad 16 \; 4 \quad 2 \; 12$$

$$1+6 = 7 \quad 1+2 = 3$$

4. Ahora coloque estos nuevos dígitos en la posición inicial de su número de dieciséis cifras.

$$8100 \quad 4348 \quad 7541 \quad 2337$$

5. ¡Ha llegado el momento de la verdad! Sumemos los dieciséis dígitos. Si la suma no es un múltiplo de 10 (como 10, 20, 30, 40, 50, 60, 70, 80, etc.) ¡entonces su tarjeta es falsa! Como los números de la tarjeta de nuestro ejemplo suman 60, es prácticamente seguro que es verdadera.

$$8+1+0+0+4+3+4+8+7+5+4+1+2+3+3+7 = 60$$

Imagínese que está comprando en línea un par de zapatos perfectos, y cuando introduce la información sobre su tarjeta de crédito, se equivoca e intercambia el segundo y el tercer dígito (4010 2328 8521 1367 en lugar de 4100 2328 8521 1367). Pero no se preocupe, el sistema de pago procesará su número de tarjeta siguiendo los pasos que acabamos de ver y, en unos segundos, le avisará de que cometió un error al escribirlo.

Práctica

¿Son estos números de tarjeta de crédito verdaderos o falsos?

$$4245 \quad 3102 \quad 6713 \quad 1134$$

$$3421 \quad 1589 \quad 4001 \quad 3897$$

$$5133 \quad 4857 \quad 4363 \quad 1949$$

¿Por qué funciona esto?

Este proceso se llama *algoritmo de Luhn*, conocido también como *algoritmo módulo 10* o *mod 10*. Este sencillo procedimiento es un verificador que ayuda a distinguir los números válidos de los que han sido mal escritos o introducidos de forma incorrecta, y actualmente es utilizado por la mayoría de las compañías de tarjetas de crédito y gobiernos.

¿Qué lo hace tan eficaz? Al doblar cada número alterno y sumando todos los dígitos, el procedimiento detecta fácilmente cualquier error tipográfico o fallo si la suma no es un múltiplo de 10. Así que la próxima vez que utilice una tarjeta de crédito, ¡ponga a prueba el algoritmo de Luhn y compruebe sus números!

O El misterio del 6174

¿Preparado para desvelar los secretos de lo desconocido? Permítame presentarle el misterioso número 6174, conocido también como *constante de Kaprekar*. Todo lo que tiene que hacer es elegir un número de cuatro cifras, seguir estos pasos y dejar que el misterio se revele. Pero cuidado, porque la verdad podría cambiar para siempre su percepción de la realidad.

7283

● ●

Pasos

1 Juguemos con nuestros números. Elija un número de cuatro cifras (pongamos que el 7283) y dispóngase a cambiar de lugar los dígitos. Primero los dispondrá en orden descendente, de mayor a menor: 8732. A continuación, lo hará en orden ascendente, de menor a mayor: 2378.

7283

Ascendente = 8732

Descendente = 2378

2 A continuación, reste el número menor del mayor.

7283

8732 - 2378 = 6354

3 Siga repitiendo estos pasos hasta llegar a su destino: el 6174. Una vez obtenga 6174, sin importar las veces que haya tenido que repetir el proceso, quedará fijado para siempre como 6174. Por ejemplo, si disponemos 6174 en orden descendente (7641) y luego ascendente (1467), y lo restamos, volvemos al 6174 **(7641 - 1467 = 6174)**.

7283

8732 - 2378 = 6354
6543 - 3456 = 3087
8730 - 0378 = 8352
8532 - 2358 = 6174

4 Entonces, ¿qué es lo que resulta tan especial? Lo bueno de este procedimiento es que puede elegir cualquier número de cuatro cifras y, en un máximo de siete iteraciones de los pasos 1 al 3, siempre acabará llegando al misterioso número 6174. Permítame enseñarle algunos ejemplos más que lo demostrarán. Algunos números llegan al 6174 en solo dos pasos, otros precisan los siete pasos.

9990

9990 - 0999 = 8991
9981 - 1899 = 8082
8820 - 0288 = 8532
8532 - 2358 = 6174

3735

7533 - 3357 = 4176
7641 - 1467 = 6174

1042

4210 - 0124 = 4086
8640 - 0468 = 8172
8721 - 1278 = 7443
7443 - 3447 = 3996
9963 - 3699 = 6264
6642 - 2466 = 4176
7641 - 1467 = 6174

Inquietante, ¿no le parece? ¡Ahora le toca a usted! Elija un número de cuatro dígitos al azar y pruébelo. Una advertencia: puede elegir cualquier número (incluso los que tengan ceros delante como el 0028 o detrás, como el 8000); pero evite los nueve números de dígitos repetidos (1111, 2222, 3333, 4444, 5555, 6666, 7777, 8888 y 9999). Esos son los únicos números de cuatro dígitos que no acabarán en un 6174.

¿Por qué funciona esto?

Este singular patrón de la constante de Kaprekar sigue siendo un misterio hasta la fecha, pero gracias al poder de la programación informática, podemos observalo más de cerca. Vemos que todos los números de cuatro cifras que siguen este proceso (restar los dígitos ordenados de forma ascendente de los ordenados en forma descendente) alcanzan el 6174 por uno de varios caminos. ¿Quiere verlo por sí mismo? Elija un número al azar y observe cómo sigue uno de esos senderos hasta acabar en el 6174.

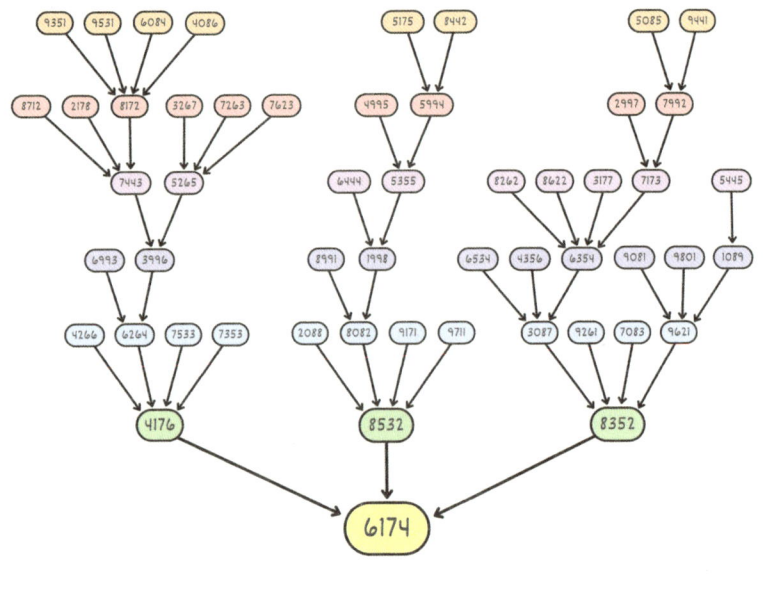

Pero eso no es todo. Cuando representamos todos los números del 0 al 10.000 en una cuadrícula de 100 x 100, y los coloreamos según el número de iteraciones que precisan para convertirse en 6174, obtenemos un bello patrón que parece una obra de arte. ¡Este es el atractivo y misterioso mundo de los números!

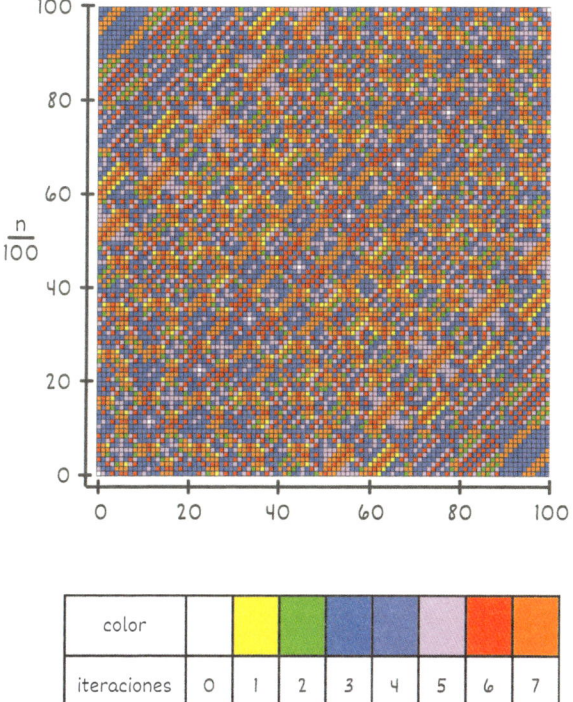

color								
iteraciones	0	1	2	3	4	5	6	7

Respuestas

Sumar números impares en segundos

$1 + 3 + 5 + 7 + 9 + 11 + 13 + 15 + 17 + 19 + 21 = 11^2 = 121$

Suma de los números impares del 1 al 199 = 100^2 = 10.000

Suma de todos los números impares hasta 2.007 = 1.004^2 = 1.008.016

Sumar números pares mentalmente

$2 + 4 + 6 + 8 + 10 + 12 + 14 + 16 + 18 = 9 \times (9 + 1) = 90$

Suma de números pares del 1 al 20 = $10 \times 11 = 110$

Suma de todos los números pares hasta 1.000 = $500 \times 501 = 250.500$

Restar números grandes sin llevar

$700 - 83 = 617$

$17.000 - 936 = 16.064$

$-238 + 5.000 = 4.762$

¿Restar sumando?

$52 - 17 = 35$

$1.234 - 321 = 913$

$3.920 - 1.242 = 2.678$

¿Mutiplicar por 5?¡Hágalo así!

$27 : 2 = 13.5, 13.5 \times 10 = 135$

$120 \times 5 = 120 : 2 \times 10 = 600$

$64 \times 5 = 64 : 2 \times 10 = 320$

Este truco del 11 le dejará sin habla

$53 \times 11 = 583$

$86 \times 11 = 946$

$7.253 \times 11 = 79.783$

Multiplique los números entre 11 y 19 incluso dormido

$14 \times 15 = 210$

$13 \times 18 = 234$

$17 \times 19 = 323$

¿Dos unidades de separación?¡Muy fácil!

$13 \times 11 = 12^2 - 1 = 143$

$79 \times 81 = 80^2 - 1 = 6.399$

$301 \times 299 = 300^2 - 1 = 89.999$

Arcoíris de multiplicaciones de dos dígitos

$13 \times 21 = 273$

$42 \times 14 = 588$

$95 \times 72 = 6.840$

Multiplicación fácil de tres dígitos

121 × 31 = 3.751

821 × 23 = 18.883

458 × 72 = 32.976

¿Números grandes? ¡Cuente globos!

¿Cuántos ceros tendrá la respuesta de 20 x 10.100? Respuesta: 3 ceros al final

10.300 × 20 = 206.000

2.000 × 40 × 700 = 56.000.000

Ante la duda, dibuje una caja

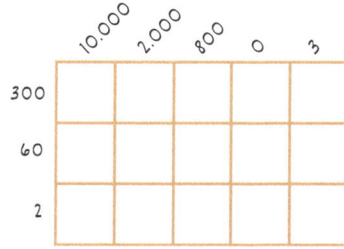

Dibuje la caja para 362 x 12.803

27 × 8.130 = 219.510

123 × 123 = 15.129

¿Cansado de mutiplicar? ¡Use líneas!

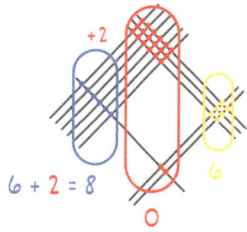

132 X 21 = 2772

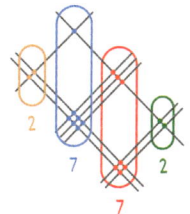

122 X 122 = 14884

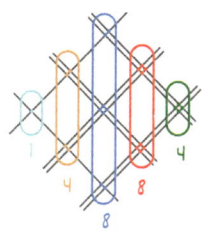

¿Dividir? ¡Ningún problema!

Esta es otra forma de cortar un pastel en 8 partes iguales. Primero realice dos cortes desde la parte superior. Obtendrá 4 partes.

A continuación, corte el pastel lateralmente por la mitad. ¡Ahora tiene 8 trozos iguales!

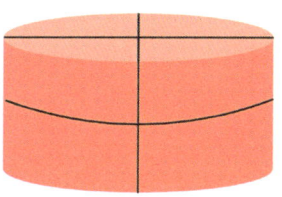

Divida al instante por 5 (y 0.5, 50, 500)

32 : 5 = 32 × 2 : 10 = 6.4

231 : 50 = 231 × 2 : 100 = 4,62

4.200 : 500 = 4.200 × 2 : 1.000 = 8,4

¿Dividir por 25 (0,25, 2,5, 250)?

112 : 25 = 112 × 4 : 100 = 4,48

1 : 2,5 = 1 × 4 : 10 = 0,4

90 : 250 = 90 × 4 : 1.000 = 0,36

Divida mentalmente por 1,25 (0,125, 12,5, 125)

100 : 125 = 100 × 8 : 1.000 = 0,8

25 : 0,125 = 25 × 8 : 1 = 200

30 : 12,5 = 30 × 8 : 100 = 2,4

¿Divisiones largas? ¡Pruebe con esto!

82 : 15 = 5 R7

723 : 80 = 9 R3

850 : 110 = 7 R80

Predecir si un número es divisible por un número del 2 al 10

78 es divisible por 2, 3 7 6

864 es divisible por 2, 3, 4, 6, 8 y 9

5.040 es divisible por 2, 3, 4, 5, 6, 7, 8, 9 y 10

¿Atascado? Invierta sus porcentajes

23% De 200 = 200% de 23 = 2 × 23 = 46

15% de 20 = 20% de 15 = 15 : 5 = 3

12% de 75 = 75% de 12 = ¾ × 12 = 9

Los porcentajes sin esfuerzo

90% de 20 = 9 × 2 = 18

30% de 500 = 3 × 5 × 10 = 150

80% de 8 = 8 × 8 : 10 = 6,4

Descomponga sus porcentajes

El 25% de 48 = 12 (pruebe 25% = 10% + 10% + 5%)

El 31% de 60 = 18,6 (pruebe 31% = 10% + 10% + 10% + 1%)

El 19% de 50 = 9,5 (pruebe 19% = 20% - 1%)

La magia del «de-es-cuál/qué/cuánto»

¿Cuál es el 40% de 75... ? = 40% × 75... ? = 30

¿Qué tanto por ciento de 50 es 20? ... 20 = ?% × 50 ... ? = 40%

¿De qué número es 20 el 70% ... 70% x 20 = ? ... ? = 14

Calcular mentalmente los cuadrados del 1 al 99

$13^2 = 169$

$32^2 = 1.024$

$72^2 = 5.184$

El arte de elevar al cuadrado (100 a 999)

$111^2 = 12.321$

$132^2 = 17.424$

$541^2 = 292.681$

¡15^2, 25^2, 35^2, 45^2, 55^2, 65^2, 75^2, 85^2, 95^2 en 3 segundos!

$25^2 = 625$

$55^2 = 3.025$

$95^2 = 9.025$

El truco para elevar números al cubo

$11^3 = 1.331$

$17^3 = 4.913$

$32^3 = 32.768$

¡Conviértase en una calculadora de raíces cuadradas!

$\sqrt{10} \approx 3\frac{1}{6} \approx 3,167$

$\sqrt{52} \approx 7\frac{3}{14} \approx 7,214$

$\sqrt{93} \approx 9\frac{12}{18} \approx 9\frac{2}{3} \approx 9,667$

Calcular mentalmente raíces complicadas, como $\sqrt{6.724}$

$\sqrt{169} = 13$

$\sqrt{1.521} = 39$

$\sqrt{9.216} = 96$

La magia de la raíz cúbica: de 1 a 999.999

Raíz cúbica de 1.331 = 11

Raíz cúbica de 148.877 = 53

Raíz cúbica de 912.673 = 97

¿Qué fracción es mayor?

$\frac{2}{3}$ o $\frac{7}{12}$ = $\frac{2}{3}$

$\frac{4}{5}$ o $\frac{11}{13}$ = $\frac{11}{13}$

$\frac{14}{20}$ o $\frac{120}{180}$ = $\frac{14}{20}$

Invertir 101: qué hacer para doblar su dinero

¿Cuánto tardará en duplicar su dinero con una tasa de rentabilidad del 36%? = 72 : 36 = 2 años

Si su dinero se duplica en 12 años, ¿cuál es la tasa de rentabilidad? = 72: 12 años = 6%

Olvídese de doblarlo, ¡triplique su dinero!

¿Cuánto tiempo tardará en triplicarse su dinero con una tasa de rentabilidad del 23%? = 115 : 23 = 5 años.

Si su dinero se duplicó en 14,4 años, ¿cuántos años tardará en triplicarse?

1. Primero, calcule la tasa de rentabilidad = 72 : 14,4 años = 5%.

2. Luego, calcule el número de años que tardaría en triplicarse = 115 : 5 = 23 años.

El truco del viajero del tiempo

La Declaración de Independencia (4 de julio, 1776) = jueves

Albert Einstein nació en el Día de Pi (14 de marzo, 1879) = viernes

Neil Armstrong y Buzz Aldrin llegaron a la Luna (20 de julio, 1969) = domingo

Detectar una tarjeta de crédito falsa

4245 3102 6713 1134 = 60 = Verdadera

3421 1589 4001 3897 = 77 = Falsa

5133 4857 4363 1949 = 80 = Verdadera

Agradecimientos

No podría haber escrito este libro sin ciertas personas increíbles repartidas por todo el mundo.

En primerísimo lugar, gracias a mi prometido, Ming, por su apoyo y por infundirme el valor para seguir una carrera que da sentido a mi vida. Me siento muy emocionada por emprender este viaje por la vida contigo… ¡Adelante! No olvidemos que el cerebro tras el nombre *Pink Pencil Math* no es otro que Ming.

A continuación, no podría haberlo hecho sin el fan número uno (y acosador número uno) de *Pink Pencil Math*, mi padre, Paul. Sé que fue una sorpresa para ti que dejara mi trabajo de ingeniera para abrir un canal de matemáticas en TikTok, pero estuviste a mi lado y me apoyaste en cada paso del camino. Gracias por todo.

Después de mi padre tenemos a mi madre, Fiona. Me gusta pensar que el zumo de zanahoria que me hiciste beber cada mañana durante diez años contribuyó más a este libro a que se me pusiera la piel de color naranja. Gracias por tus sonrisas diarias y tus cálidos abrazos. Tu positividad contagiosa me inspira a compartir alegría y amabilidad con otros, día tras día.

Y luego está mi hermana, Amanda. Tus mensajes llenos de emojis siempre logran alegrarme el día, sobre todo cuando me siento atascada. Tu apoyo incondicional y tus palabras de ánimo significan mucho para mí, y estoy agradecida por tu cariño. Estoy deseando ver las cosas tan fantásticas que lograrás en tu vida.

Muchísimas gracias a todos mis amigos, por su apoyo y positividad a lo largo de mi camino. Desde nuestras conversaciones a altas horas de la madrugada, hasta vuestros valiosos consejos cuando me sentía perdida, por celebrar cada victoria juntos y por todas las risas que hemos compartido, todos vosotros habéis hecho que mi recorrido con *Pink Pencil Math* sea realmente especial. ¡Os quiero mucho!

Gracias a todos los que me ayudaron a revisar las matemáticas de este libro: Ivana Lee, Arlene Resendiz, Luqman Rahamat y Rizwan Maqsood.

Gracias a Franny y al equipo de Page Street por el trabajo y esfuerzo que han dedicado a este libro, y por su apoyo durante todo el proceso. ¡Gracias por creer en mí y hacer que este proyecto viera la luz!

Por último, mi más sincero agradecimiento a todos quienes veis y apoyáis mi contenido. Vuestra participación y apoyo entusiasta me han impulsado a seguir con mi pasión de enseñar matemáticas y me han dado la fuerza para continuar. No podría haberlo hecho sin vosotros y siento un enorme agradecimiento por todo lo que me habéis enseñado a lo largo del camino.

Sobre la autora

Tanya Zakowich es la creadora de @pinkpencilmath, donde comparte sugerencias y trucos para resolver problemas matemáticos.

Hasta la fecha, sus vídeos breves han acumulado cientos de millones de visualizaciones, y su curso *Math Foundations* ha ayudado a miles de estudiantes a recuperar su confianza en el tema.

Antes de @pinkpencilmath, Tanya estudió ingeniería mecánica en la universidad de Columbia y trabajó para la NASA, Boeing y Hyperloop One.

En su tiempo libre, a Tanya le encanta planificar viajes por carretera, ir a pescar con su padre y probar diferentes restaurantes de tempura.

La encontrarán en las redes sociales como @pinkpencilmath o en www.pinkpencilmath.com

Índice alfabético